1分鐘肌肉扭轉伸展操

「やせたい」なんてひと言も
いってないのにやせた
1分ねじれ筋のばし

一不小心就瘦下來了

整骨院院長
今村匡子／著
蔡麗蓉／譯

聽說有家風評不錯的整骨院，
當初為了腰痛
去接受治療之後，
竟莫名其妙瘦下來！

而且聽說
減掉的全是脂肪，
還不會復胖！

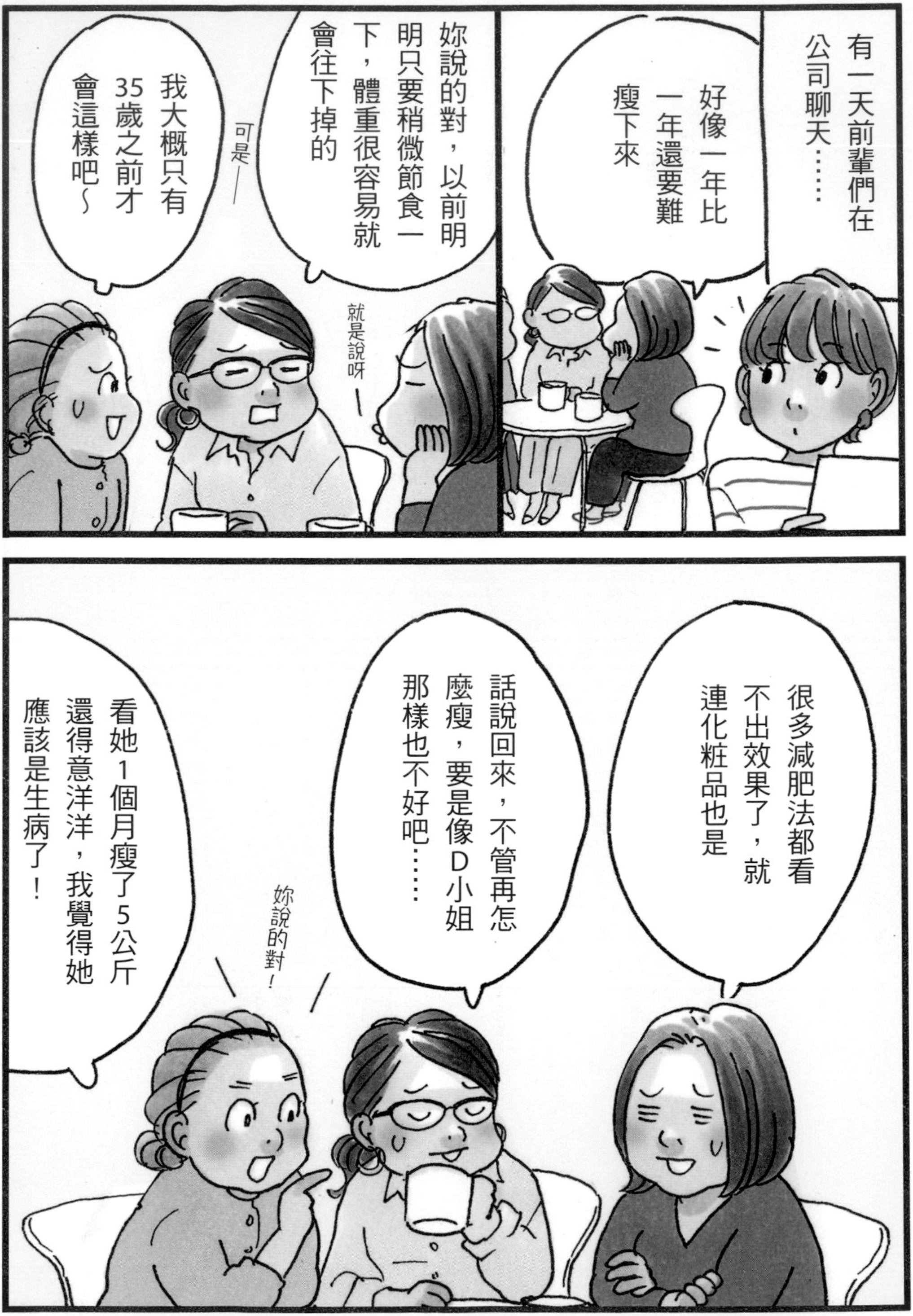

有一天前輩們在公司聊天……
好像一年比一年還要難瘦下來
妳說的對，以前明明只要稍微節食一下，體重很容易就會往下掉的
就是說呀
可是——
我大概只有35歲之前才會這樣吧～
很多減肥法都看不出效果了，就連化粧品也是
話說回來，不管再怎麼瘦，要是像D小姐那樣也不好吧……
妳說的對！
看她1個月瘦了5公斤還得意洋洋，我覺得她應該是生病了！

D小姐
而且臉都垮了下來
頸部都皺巴巴的
好像雞脖子一樣！
皮膚狀況也很糟糕……
變得很粗糙
聽說她三不五時上健身房做訓練，晚餐都吃蛋白素和健康食品喔
這我不行
她好像會靠吃美食來「犒賞自己瘦下來」，結果馬上又胖回來了
深有同感……
我則是……
什麼—
好慘啊—
肩膀嚴重痠痛到想吐
無論工作或家事都覺得很吃力……
於是2個月前跑去了整骨院
好難受……
help me…

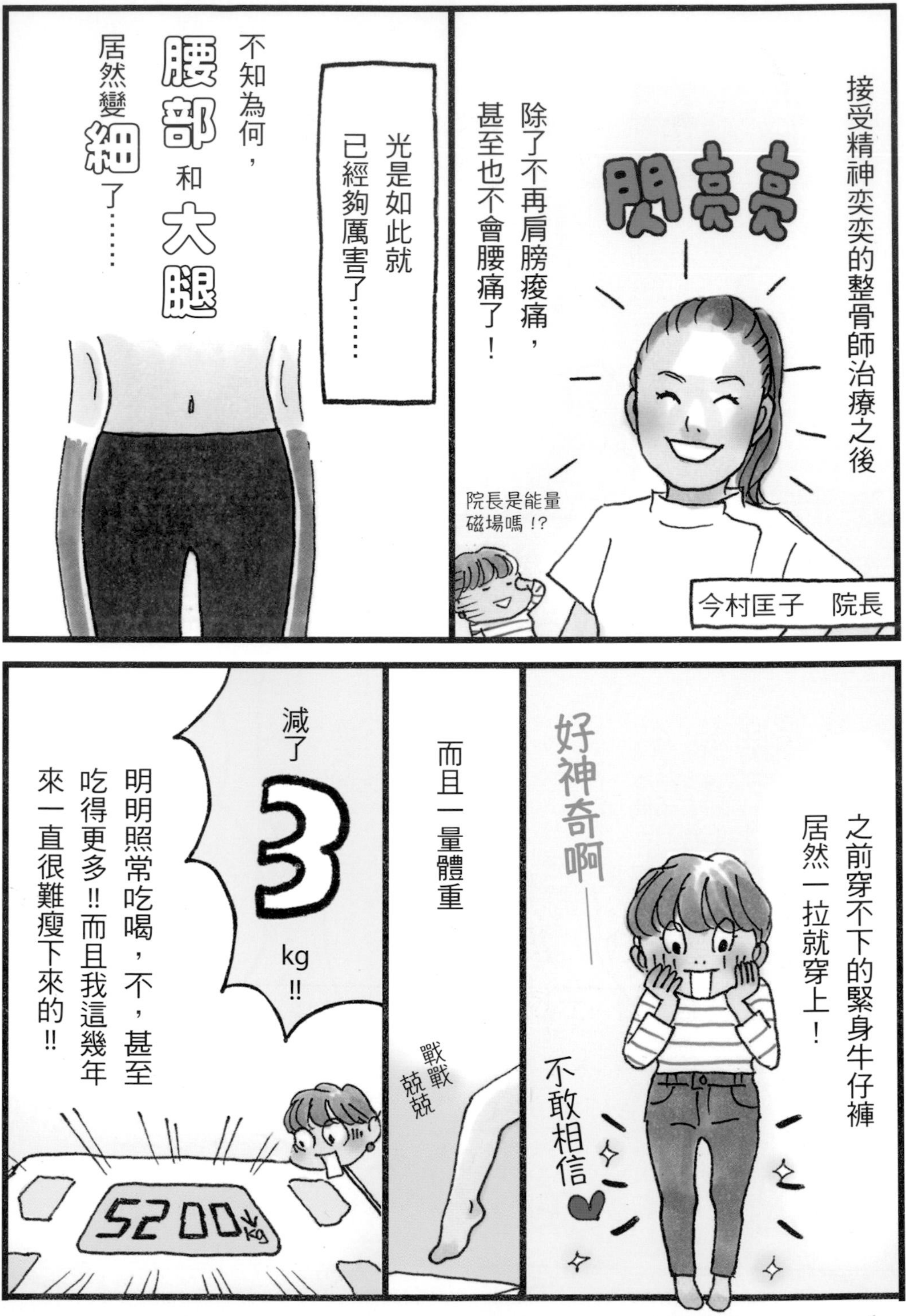

接受精神奕奕的整骨師治療之後
閃亮亮
除了不再肩膀痠痛，甚至也不會腰痛了！
院長是能量磁場嗎!?
今村匡子　院長
光是如此就已經夠厲害了……
不知為何，腰部和大腿居然變細了……
之前穿不下的緊身牛仔褲居然一拉就穿上！
好神奇啊──
不敢相信
而且一量體重
戰戰兢兢
減了3kg!!
明明照常吃喝，不，甚至吃得更多!!而且我這幾年來一直很難瘦下來的!!
5200 kg

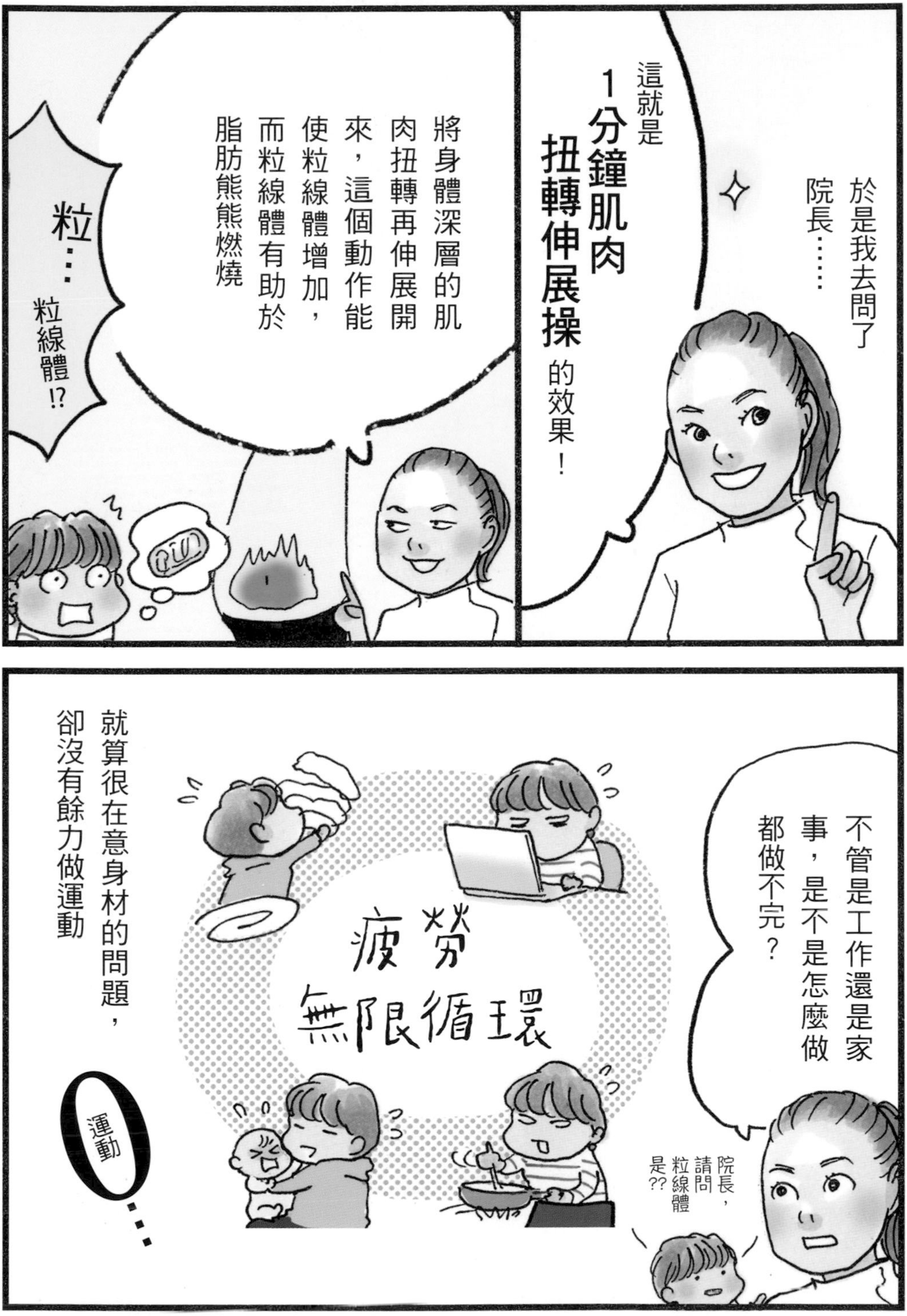

於是我去問了院長……
這就是1分鐘肌肉扭轉伸展操的效果！
將身體深層的肌肉扭轉再伸展開來，這個動作能使粒線體增加，而粒線體有助於脂肪熊熊燃燒
粒……粒線體!?
不管是工作還是家事，是不是怎麼做都做不完？
院長，請問粒線體是??
疲勞無限循環
就算很在意身材的問題，卻沒有餘力做運動
運動0……

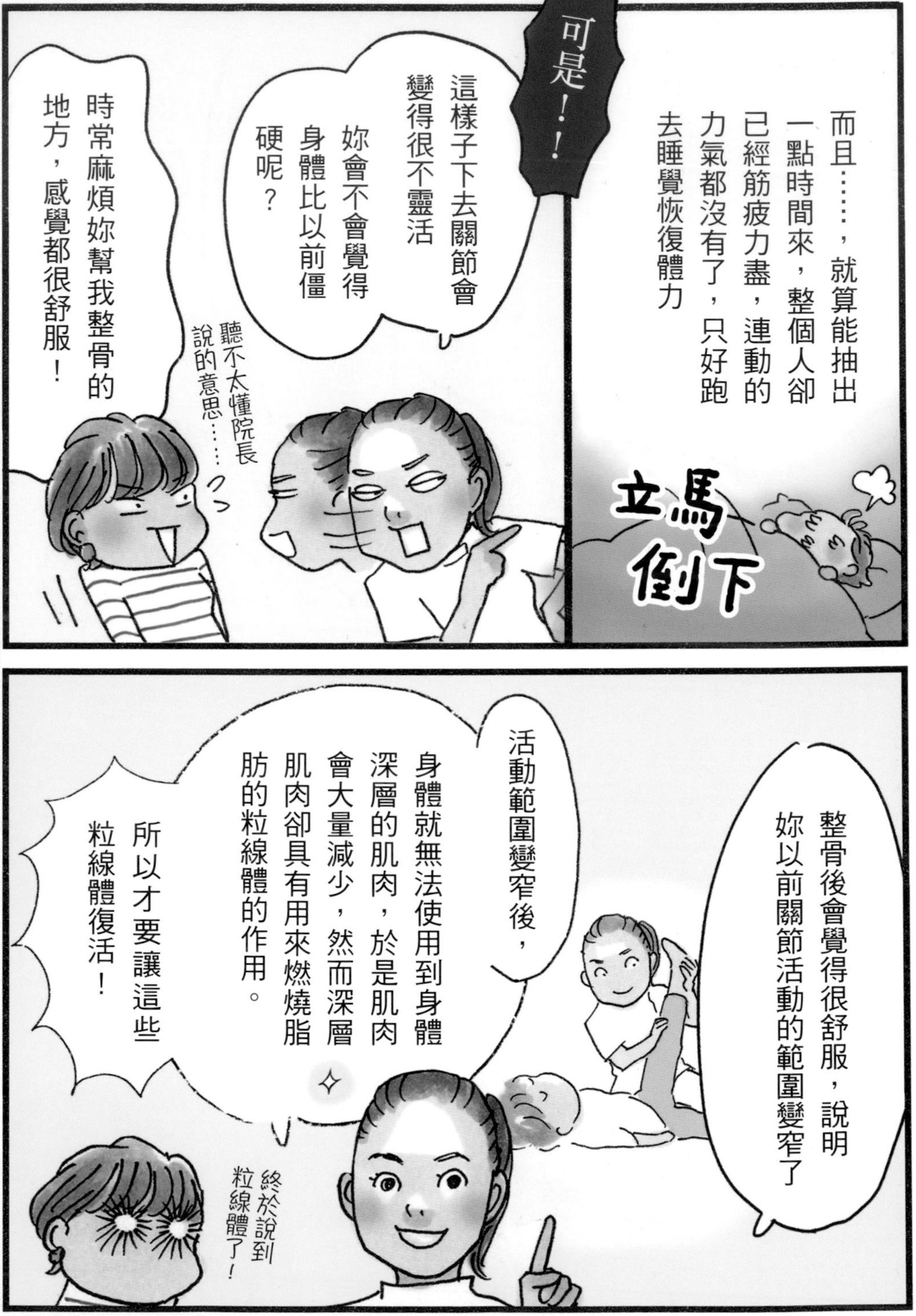

而且……，就算能抽出一點時間來，整個人卻已經筋疲力盡，連動的力氣都沒有了，只好跑去睡覺恢復體力
立馬倒下
可是！！
這樣子下去關節會變得很不靈活
妳會不會覺得身體比以前僵硬呢？
聽不太懂院長說的意思……
時常麻煩妳幫我整骨的地方，感覺都很舒服！
整骨後會覺得很舒服，說明妳以前關節活動的範圍變窄了
活動範圍變窄後，
身體就無法使用到身體深層的肌肉，於是肌肉會大量減少，然而深層肌肉卻具有用來燃燒脂肪的粒線體的作用。
所以才要讓這些粒線體復活！
終於說到粒線體了！

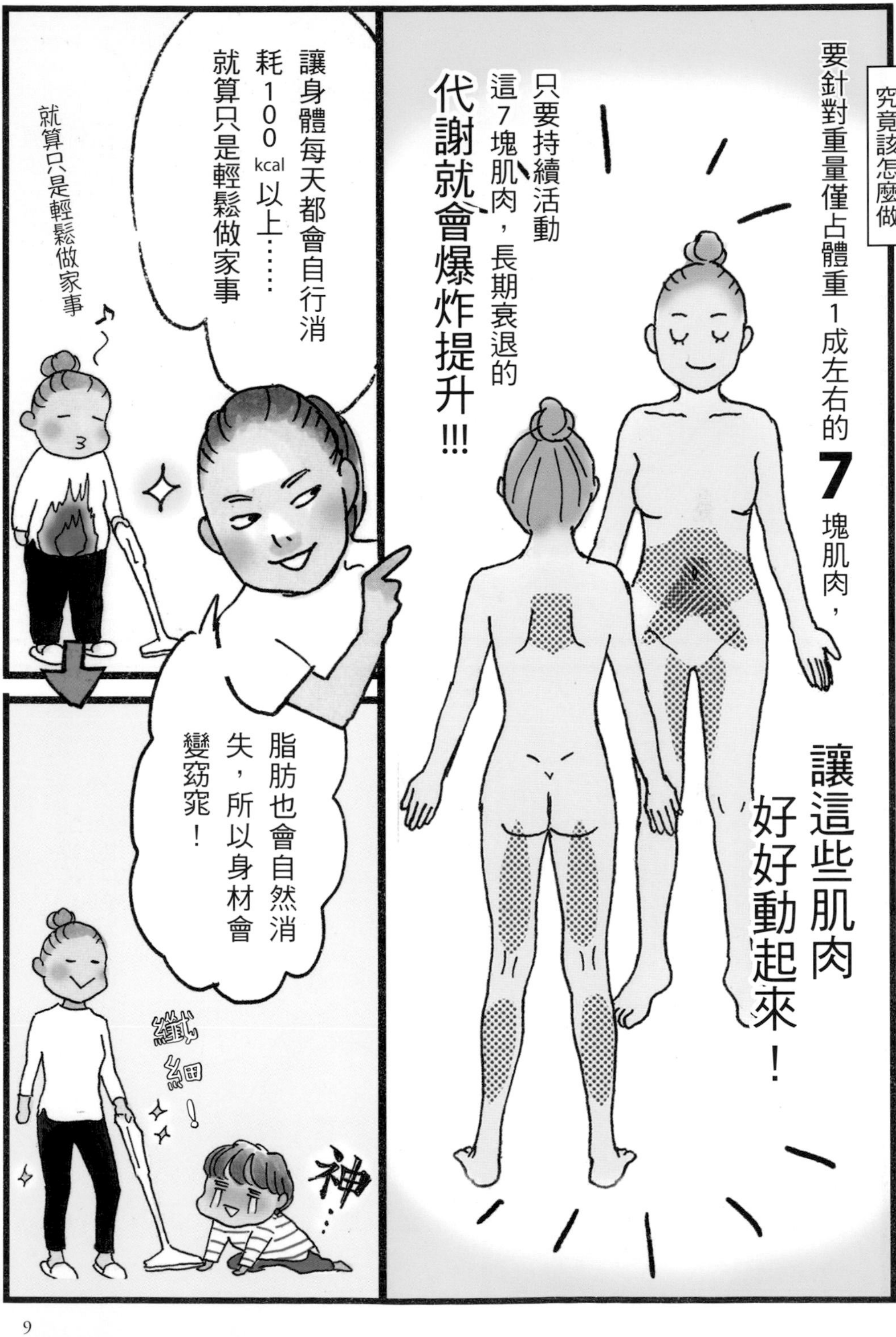
究竟該怎麼做
要針對重量僅占體重1成左右的7塊肌肉，
讓這些肌肉好好動起來！
只要持續活動這7塊肌肉，長期衰退的
代謝就會爆炸提升!!!
讓身體每天都會自行消耗100kcal以上……
就算只是輕鬆做家事
就算只是輕鬆做家事
脂肪也會自然消失，所以身材會變窈窕！
纖細！
神…

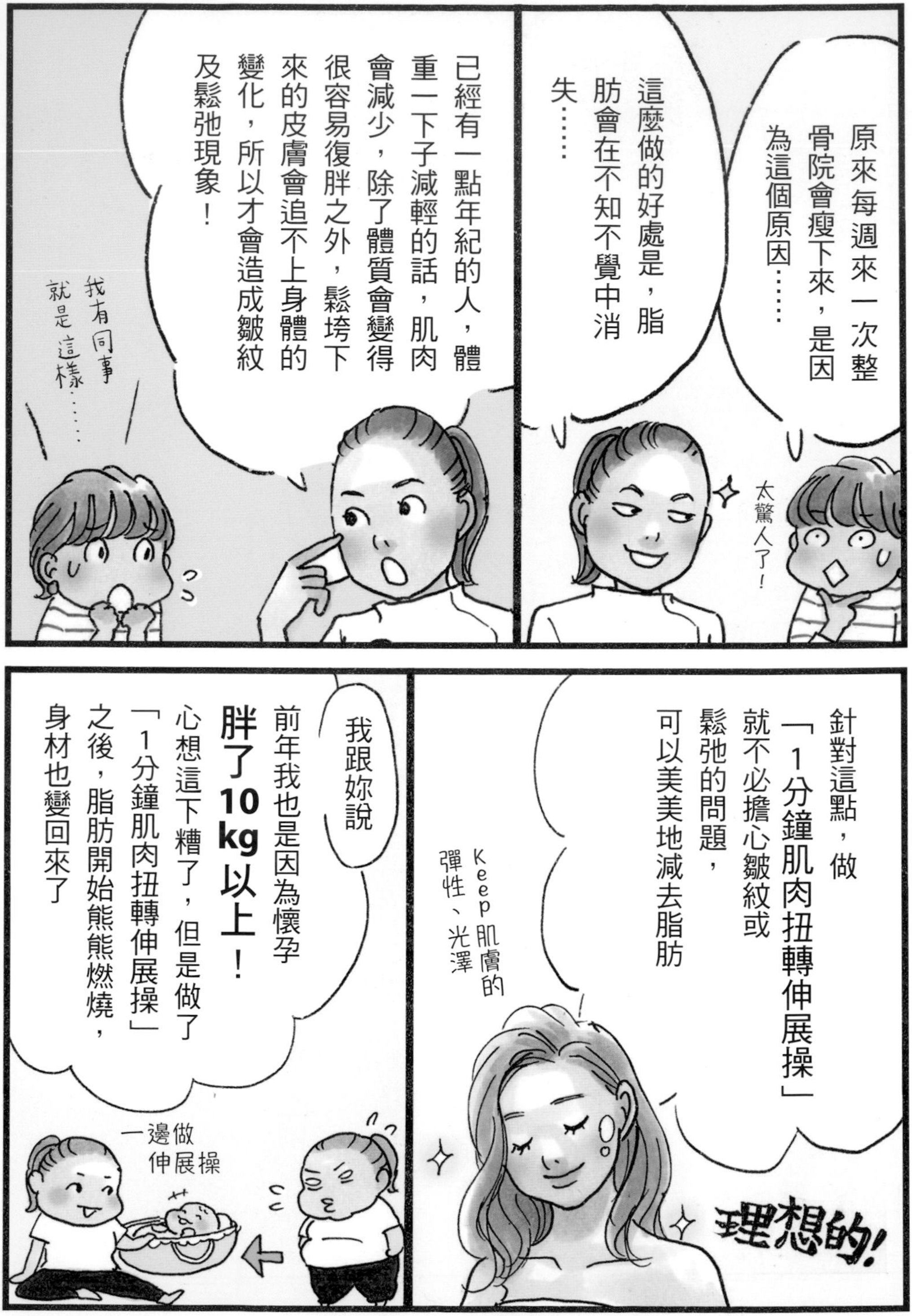
原來每週來一次整骨院會瘦下來，是因為這個原因……
這麼做的好處是，脂肪會在不知不覺中消失……
太驚人了！
已經有一點年紀的人，體重一下子減輕的話，肌肉會減少，除了體質會變得很容易復胖之外，鬆垮下來的皮膚會追不上身體的變化，所以才會造成皺紋及鬆弛現象！
我有同事就是這樣……
針對這點，做「1分鐘肌肉扭轉伸展操」就不必擔心皺紋或鬆弛的問題，可以美美地減去脂肪
Keep肌膚的彈性、光澤
理想的！
我跟妳說
前年我也是因為懷孕胖了10kg以上！心想這下糟了，但是做了「1分鐘肌肉扭轉伸展操」之後，脂肪開始熊熊燃燒，身材也變回來了
一邊做伸展操

這應該是因為妳是院長的關係吧？
才不是這樣
其實我在7年前升上管理職後，打算趁這時候結婚，卻被男友給甩了……
臉很小，而且原本就不容易胖的樣子……
一臉不滿
這是我當時的照片，胖的很誇張吧？
……
OH…
坦白說很多40幾歲或50幾歲的人，都很煩惱瘦不下來的問題，不過有一個方法還是可以讓這些人減去大量脂肪
氣死人了……
不管做什麼都瘦不下來！！
起先腰圍會變小
奇怪了？
好像變瘦了
脂肪會依照每個人的狀況，在合理的範圍內減少
下降了

後來有人的體重減輕了10 kg
劇瘦
還有人衣服尺寸從3L變成M
甚至臀圍減掉14cm的也大有人在……
不會吧，太厲害了!!!
蜜桃臀
河馬臀
雖然這是極端的例子……
店員小姐
很適合您呢！
有人說她「不再害怕去服飾店試穿衣服了！」
有人說她「敢穿無袖的上衣了♥」
許多人都開心地跟我分享！

從下一頁開始，
將會詳細介紹
請大家一定要來試試
「1分鐘肌肉扭轉伸展操」
遵命！
充滿元氣！！

關節活動不靈活的人其實很難瘦下來

針對幾十名年紀約三十至四十幾歲，確實覺得不容易瘦下來的女性調查關節可動域後發現，可明顯區分成兩個族群，有一群人的動作可以維持在一般人的可動域，另一群人的動作則達不到一半。

而且在不容易活動的部位當中，有許多肌肉皆內含大量有利分解、消耗脂肪的粒線體，卻無法發揮作用。也就是說，在關節活動不靈活的影響下，原本應該被消耗掉的熱量不斷囤積，於是才會變成不容易瘦下來的體質。

肩胛骨不會動

會出現
肩膀痠痛、駝背、
四十肩的困擾，
背部脂肪
變厚實而且
雙臂會變粗

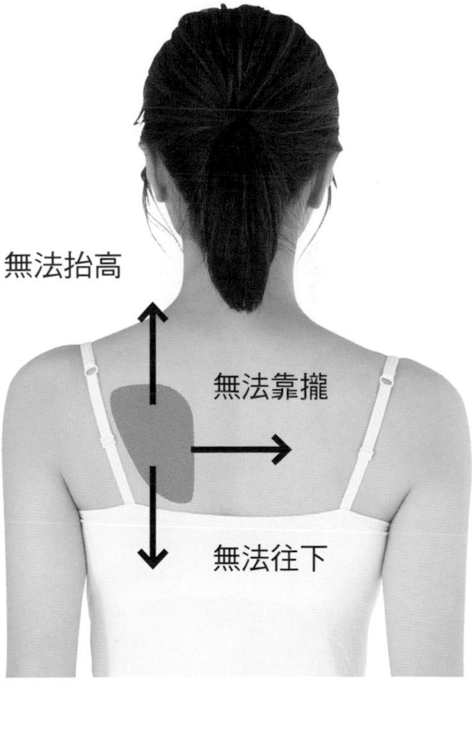

不容易瘦下來的人
肩胛骨可動域調查結果

假設一般人的可動域為 100%

- 抬高　67.0%
- 往下　41.7%
- 靠攏　50.0%

只能動到這等程度

脊椎不會動

出現腰痛、肩膀痠痛、背痛，肚子上會有一層游泳圈

不容易瘦下來的人
軀幹可動域調查結果

假設一般人的可動域為 100%

■ 側彎　31.7%
■ 前彎　69.4%
■ 後彎　58.3%

只能動到這等程度

無法側彎

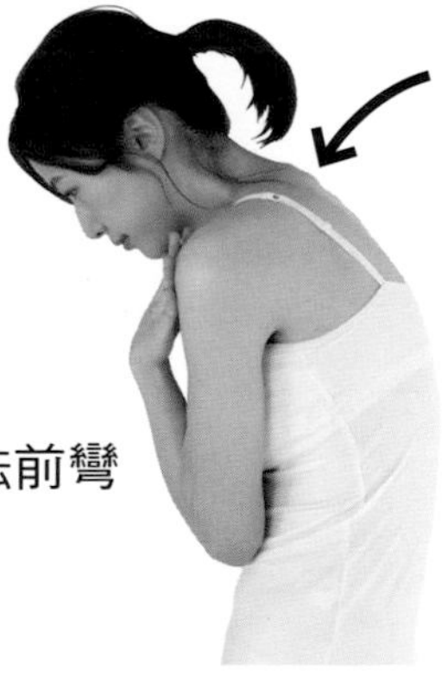

無法前彎

無法後彎

髖關節不會動

臀部下垂，大腿外側結實，大腿內側全是橘皮組織

只要某處關節活動不靈活，體質就會變得很難瘦下來……

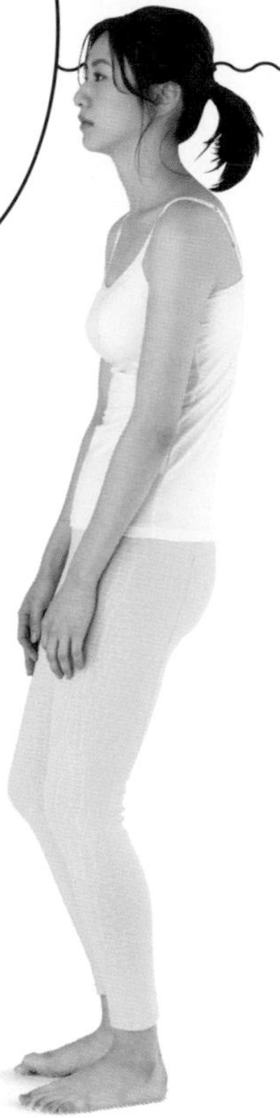

無法輕鬆完成這些動作的人要小心……

無法向外轉

無法向內轉

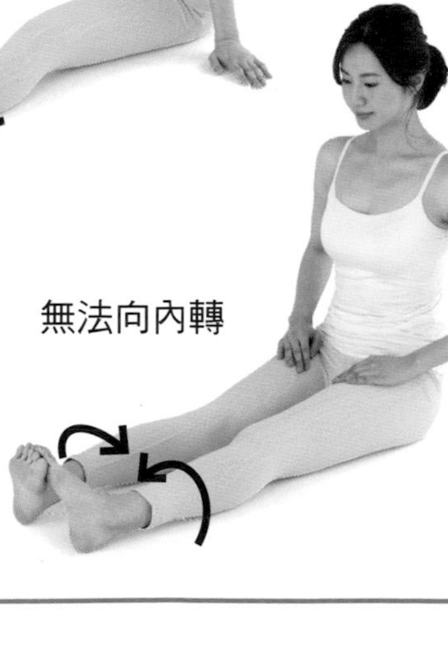

不容易瘦下來的人
髖關節可動域調查結果

假設一般人的可動域為 100%

■ 向內轉　55.6%
■ 向外轉　42.6%

只能動到這等程度

靠「1分鐘肌肉扭轉伸展操」改善關節靈活度，輕鬆變成易瘦體質！

1 分鐘肌肉扭轉伸展操

❶ 扭轉手臂伸展胸部

手臂扭轉後使身體往外

伸展～

伸展～

最有效的做法，是要
在痛得很舒服的地方
持續伸展1分鐘

❷ 扭轉雙腳伸展後側

雙腳往內轉後
使身體往前倒

❸ 扭轉雙腳伸展內側

雙腳打開往外轉後
使身體往前倒

❹ 扭轉並伸展肌肉

雙腳前後打開使
上半身後彎

❺ 扭轉腰部雙腳歸位

雙腳膝蓋傾倒後用腹部
內縮的力量使腳歸位

只要做1次1分鐘的肌肉扭轉伸展操，熱量的消耗量就會急速增加！

走路時

- 腹部的深層肌肉 226.0%
- 背部的肌肉 128.6%
- 大腿內側、臀部的肌肉 797.1%

肌肉活動量會上升
到這等程度

還有起立時

- 腹部的深層肌肉 429.4%
- 背部的肌肉 191.1%
- 大腿內側、臀部的肌肉 670.0%

肌肉活動量會上升
到這等程度

甚至是坐著滑手機

- 腹部的深層肌肉 213.2%
- 背部的肌肉 140.9%
- 大腿內側、臀部的肌肉 259.9%

肌肉活動量會上升
到這等程度

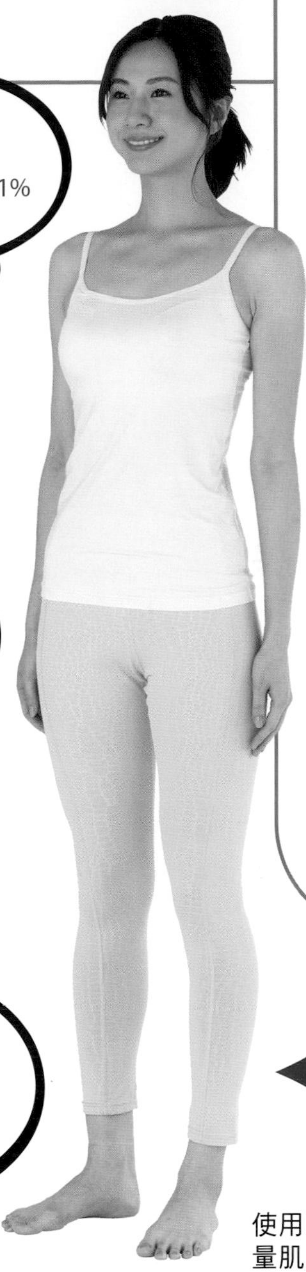

使用肌電圖檢測儀，測量肌肉的活動量在做完「1 分鐘肌肉扭轉伸展操」前後會上升多少

自覺很難瘦下來的人親身挑戰！

所苦的人

重、7cm 腰圍！

50

歲

Before

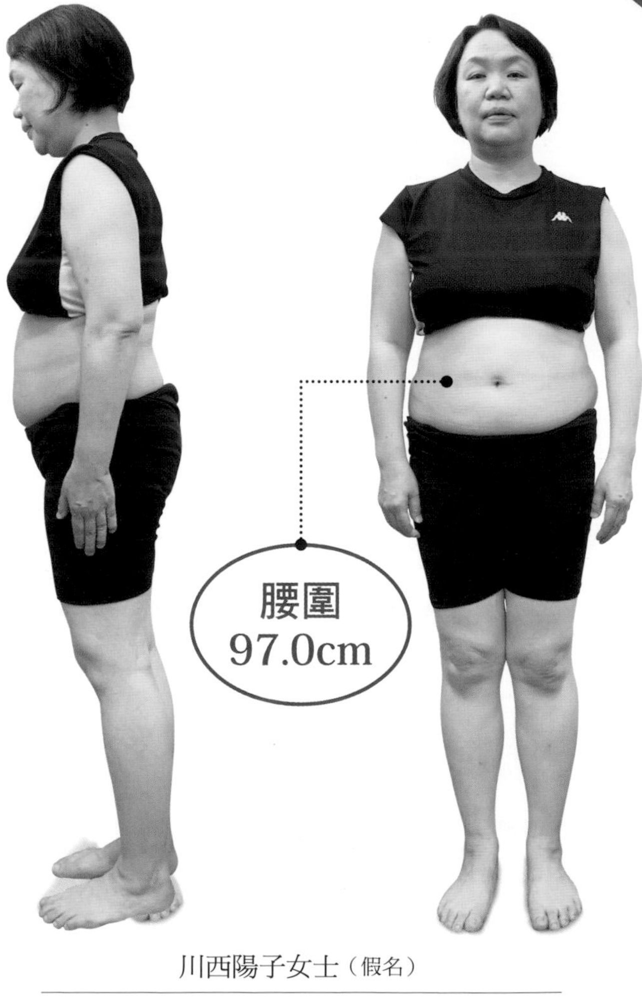

體重
69.2kg

體脂肪率
36.4%

腰圍
97.0cm

2年前就不能穿的褲子，腳居然套進去了！

川西陽子女士（假名）

55 歲

1 分鐘肌肉扭轉伸展操 經驗分享！

即便飽受更年期 還是能成功減去 10kg 體重

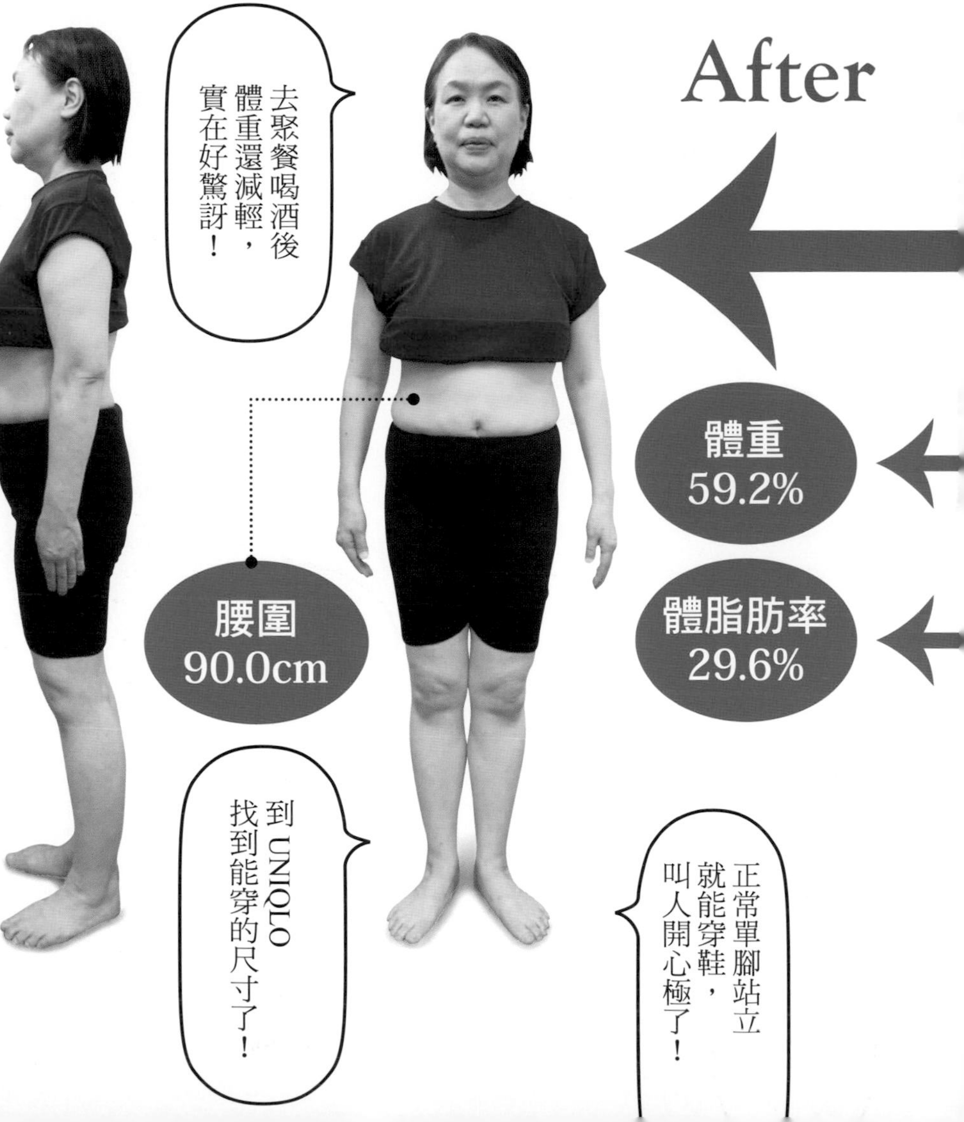

去聚餐喝酒後
體重還減輕，
實在好驚訝！
After
體重
59.2%
腰圍
90.0cm
體脂肪率
29.6%
到 UNIQLO
找到能穿的尺寸了！
正常單腳站立
就能穿鞋，
叫人開心極了！

不下來了……」

重、9cm 腰圍！

40 歲

Before

體脂肪率
38.1%

臀圍
107.0%

腰圍
94.0cm

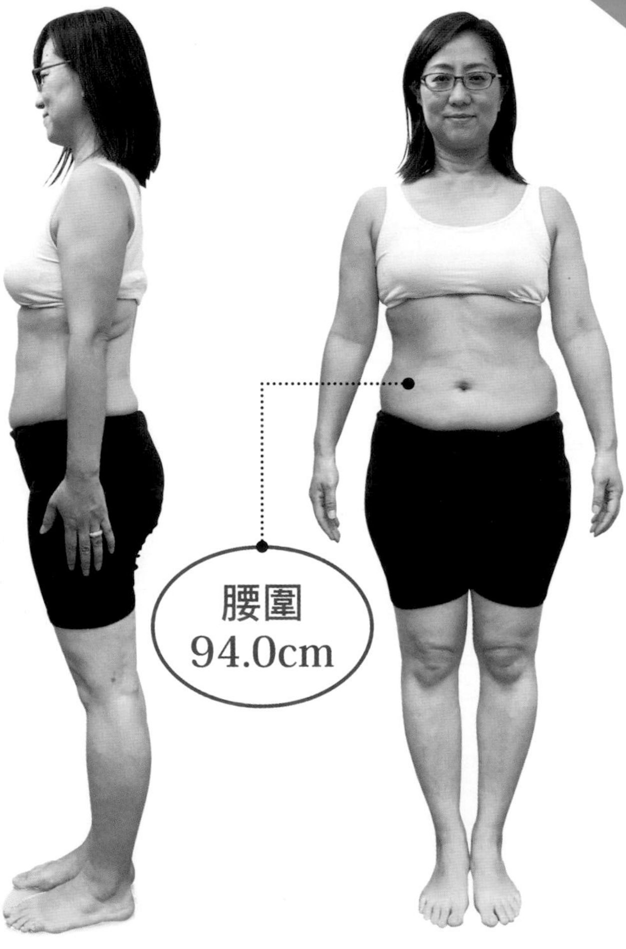

居家辦公後，5個月內體重一直增加停都停不下來……

山野美惠女士（假名）

47 歲

1 分鐘肌肉扭轉伸展操 經驗分享！

以為「已經瘦
後來竟成功減去 5kg 體

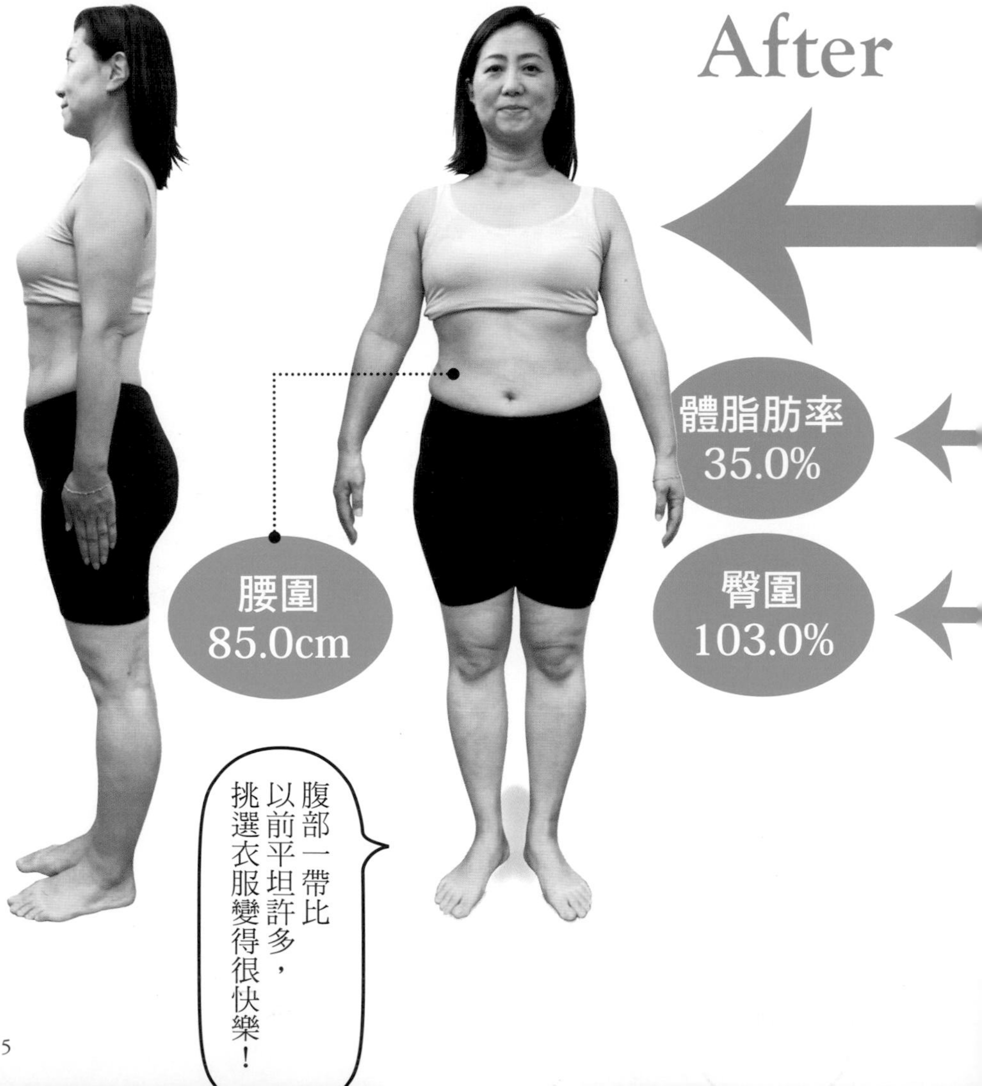

實踐之後

重、7cm 腰圍！

30
歲

Before

體重
46.9kg

體脂肪率
24.0%

腰圍
76.0cm

三餐常吃冷凍食品、
超商食物、外食，
夜裡一定會吃零食

若木美里女士

34 歲

短時間輕鬆成功減去 1.5kg 體

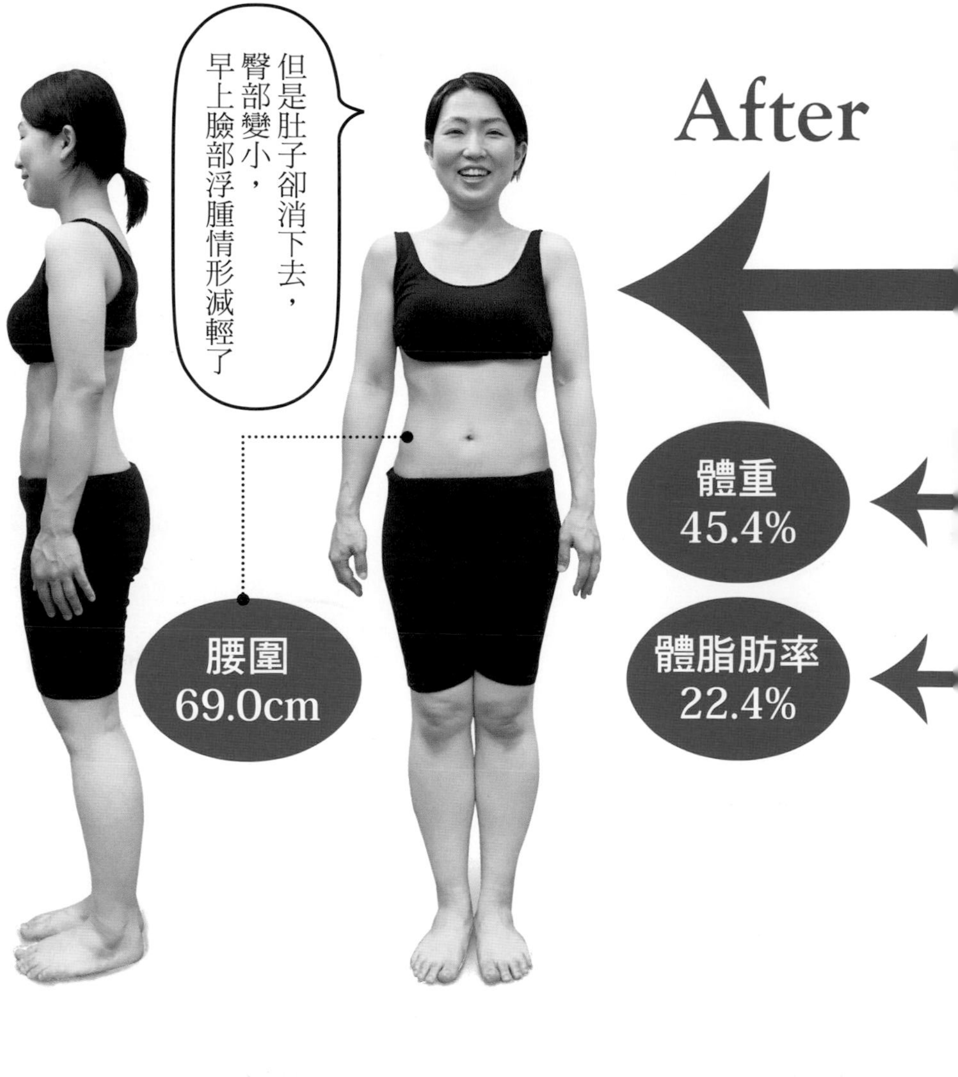
但是肚子卻消下去，
臀部變小，
早上臉部浮腫情形減輕了
After
體重
45.4%
體脂肪率
22.4%
腰圍
69.0cm

酒也照喝

重、5cm 腰圍！

30
歲

Before

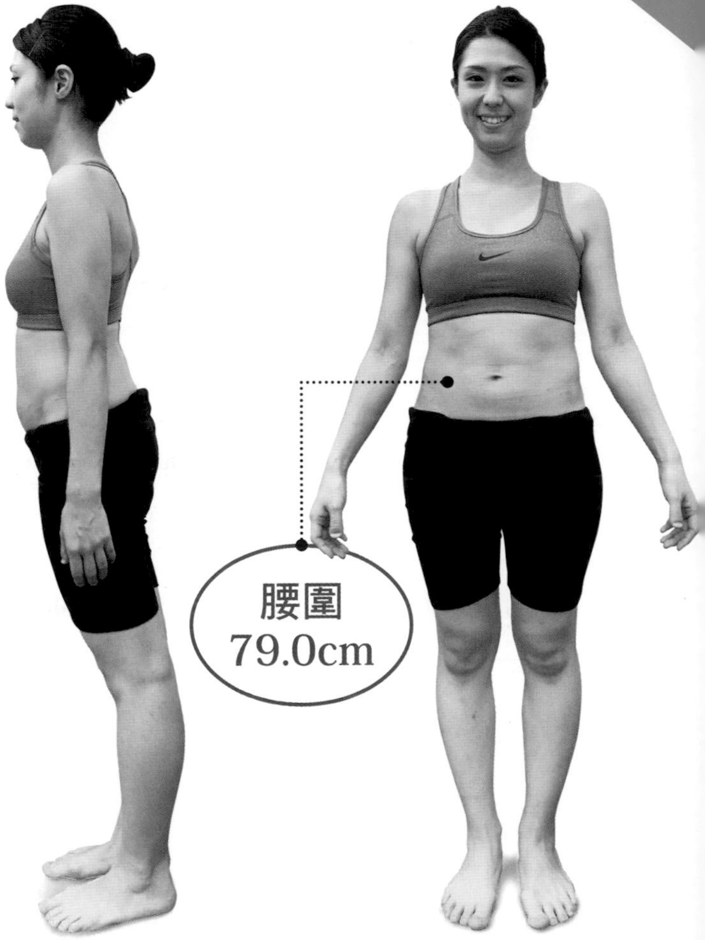

體重
50.8kg

體脂肪率
29.6%

腰圍
79.0cm

三上貴子女士

31 歲

\1 分鐘肌肉扭轉伸展操 // 經驗分享！

沒做運動，

還是成功減去 2kg 體

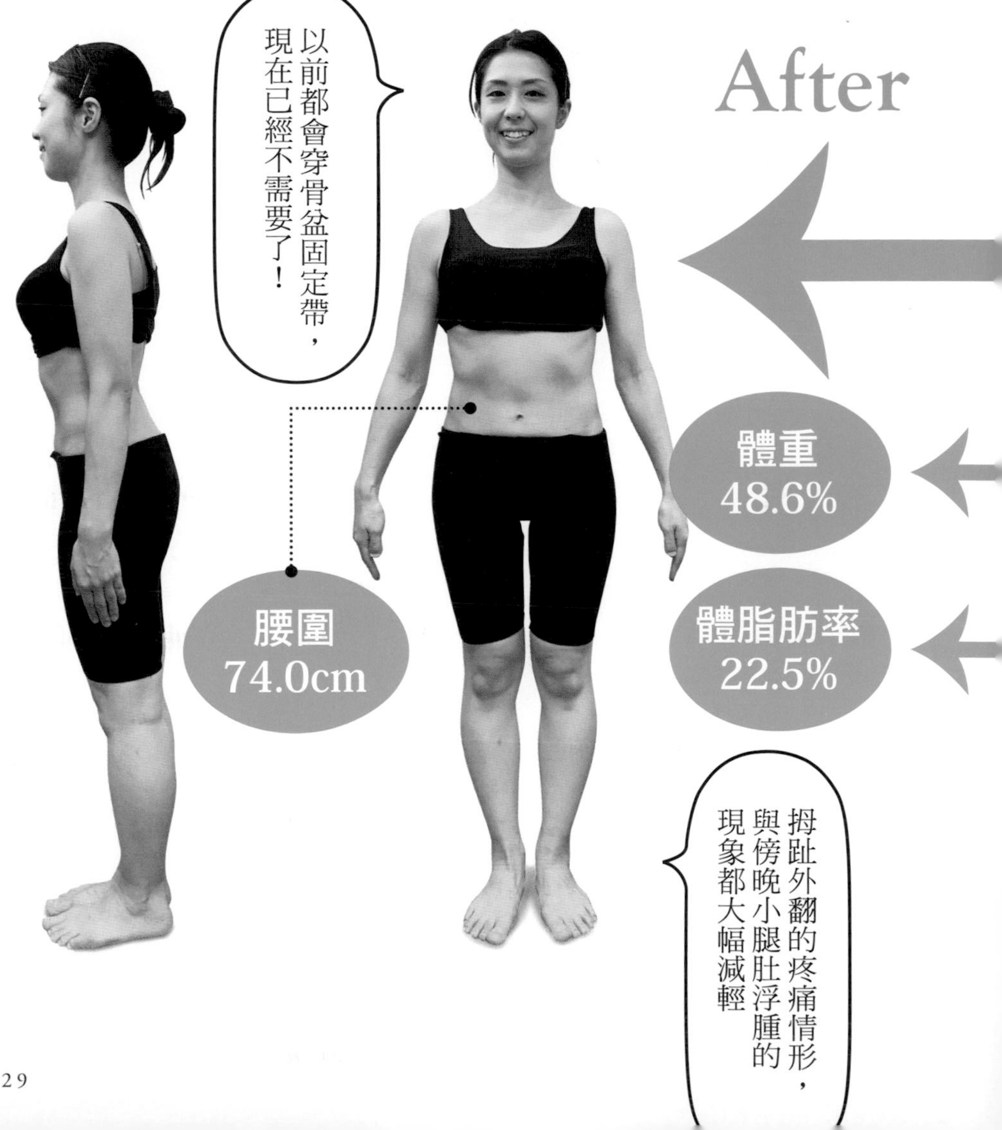
以前都會穿骨盆固定帶，現在已經不需要了！
After
體重
48.6%
體脂肪率
22.5%
腰圍
74.0cm
拇趾外翻的疼痛情形，與傍晚小腿肚浮腫的現象都大幅減輕

所苦的同時
重、23cm 腰圍！

60
歲

Before

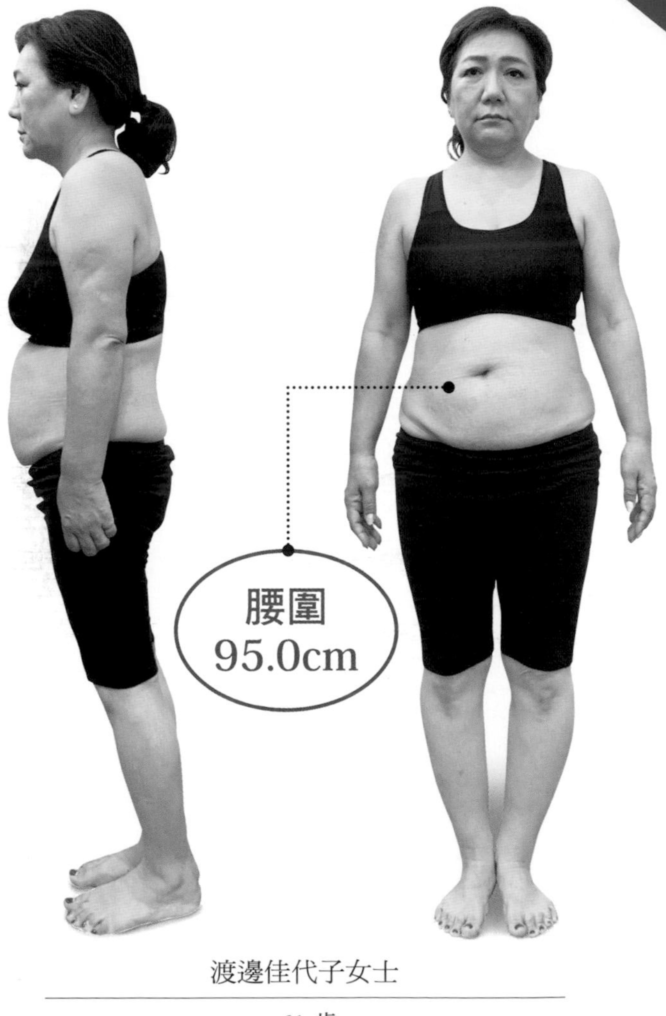

體重
60.2kg

體脂肪率
34.0%

渡邊佳代子女士

61 歲

1 分鐘肌肉扭轉伸展操 經驗分享！

為疾病及傷勢
還是成功減去 3kg 體

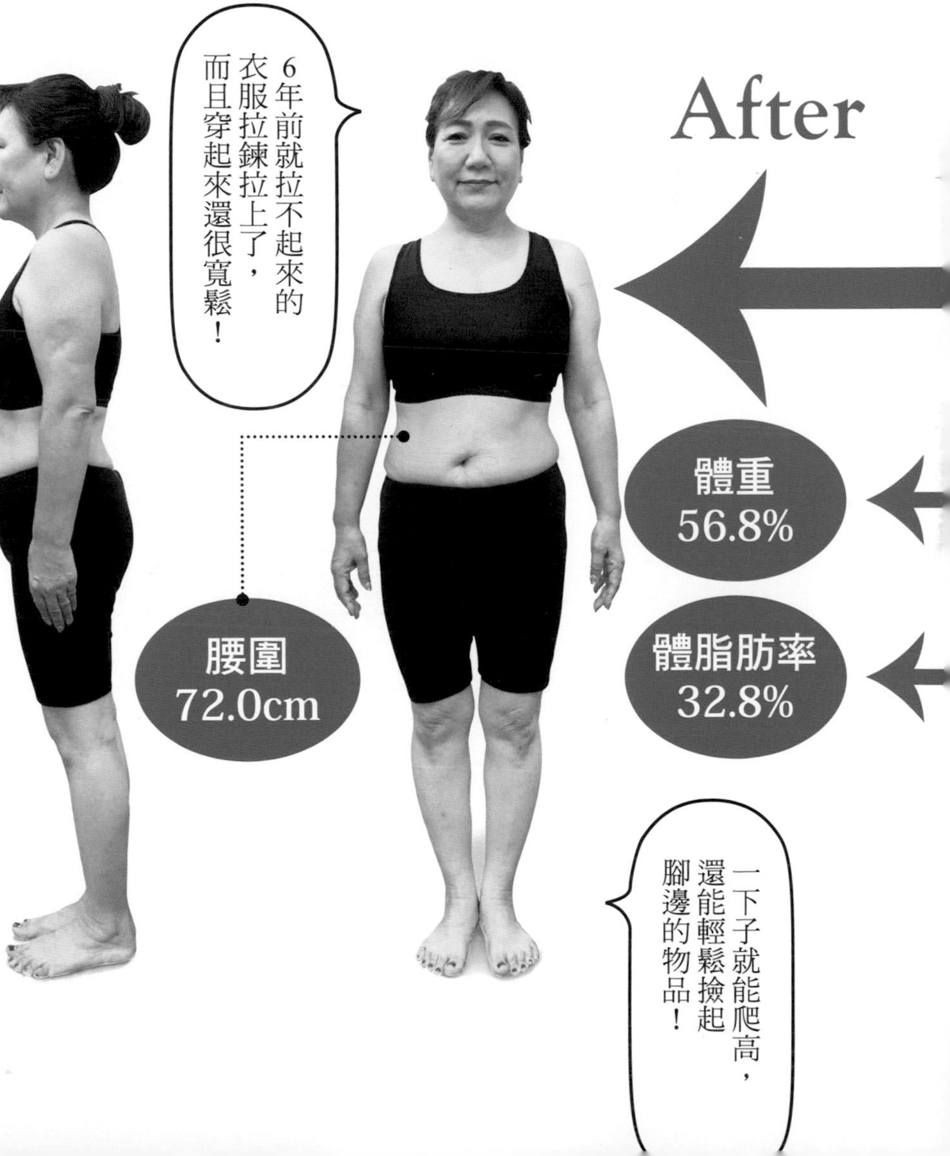

6年前就拉不起來的衣服拉鍊拉上了，而且穿起來還很寬鬆！
After
體重
56.8%
腰圍
72.0cm
體脂肪率
32.8%
一下子就能爬高，還能輕鬆撿起腳邊的物品！

前言

調到鄰近鬧區的整骨院工作約莫三個月後，不明所以有許多來自於酒店的陪侍小姐，還有時尚模特兒的預約開始蜂擁而至。突然遇到這種情形令我十分驚訝，向患者們打聽之後，似乎是有人一直在瘋傳：「每週只要來一次整骨院就會變瘦」！

患者們來整骨，絕大多數一開始的反響都是「肩膀變輕鬆了」、「腰痛改善了」，但是過二～三個月之後，突然有越來越多人開心地跟我說她們身材出現變化，例如「小腹變平坦了」、「大腿變細了，感覺超讚」。

當初我是為了幫助飽受疼痛及痠痛等不適症狀所苦的人，才會選擇這份工作，況且在前一家整骨院都是以高齡患者術後復健等服務為主，所以關於患者的身材變化，一直以來都很少特地加以留意。

在那之後沒多久，我才開始認真檢討自己身材變胖超過10 kg這件事。我的體脂肪率高達33％左右，身上穿的衣服全都緊繃到出現橫紋，腰帶上垂著厚實的一層肉，任誰來看身材都已經明顯走樣了，我卻以工作忙碌為藉口，一直不願去關心自己的身體。

不知不覺下就胖了超過十公斤

有一次我心儀已久的男生，冷不防跟我說了一句話：「啊，沒想到妳的肚子這麼大……！」

當場我雖然竭盡全力擠出笑容粉飾太平，內心卻非常震撼，深受打擊而心痛不已。在那之後，每次聽到以前不以為意的「圓滾滾」、「龐大」這幾個詞，心就會揪一下。當時不管做什麼事，都會自責怎麼放任自己變胖。

後來我下定決心，開始每天努力舉啞鈴做引體向上，勤於重量訓練。可是不知道是不是健身屬於高強度的關係，大腿肌肉居然往外長出來，體格變得很粗壯，感覺「和自己想要的不太一樣」。我的肩膀變寬，手臂也變粗，穿上T恤後緊繃到血液似乎就要停止流動了。

看到明明從來沒說過想要變瘦的患者們都漂亮地瘦下來了，也打從心底想變瘦的我，越是努力想瘦下來，卻只是變得很壯碩。健身這件事，完全變成一件很愚蠢的事。

當初我就是在這種時候，察覺到自己的整骨方式所具備的潛在力。

從「健身」改為「伸展」，居然轉眼間就瘦下來

即便我拼命地努力健身，身材卻只會變粗壯並沒有瘦下來，後來我決定和患者們一樣，只專注於擴展關節的可動域，伸展身體深層的肌肉。結果體重開始順利地往下掉，身材恢復了原狀，體

脂肪率下降到24%。

就算幾年後我懷孕、生產，期間的體重增加了十五公斤，但是只要在懷孕期間變窄的關節可動域復原，產後三個月就能回復到原本的身材了。

我想將這個方法，告訴更多和我一樣為身材煩惱的人，所以才有了這本書。我認為有必要掌握客觀的數值變化，於是決定要收集患者因為這樣而成功減下體重的數據。如今已經有許多人心懷感激地跟我說：「幾年前買的牛仔褲穿得上了」、「肚子消下去了」，所以經對方許可之下，我開始測量他們的腰圍、臀圍、體重及體脂肪率等數據。

結果我發現，尤其是腹部、臀部會變小，大腿會變細，而且體脂肪率自然往下掉之後，最終體重也會減輕。

其中還有人交出了驚人的成績單，例如體重減去十公斤、臀圍少了十四公分等等。大家完全沒做辛苦的運動，只是每週整骨一次而已。這群年齡層約在三十～六十歲左右的患者，他們的關節可動域都變大了，過去身體一直沒有使用到的深層肌肉開始運作起來。就只是「整骨」而已，就能自然而然地順利瘦下來，無關乎年齡，無論有沒有運動習慣，這些全都沒有關係。

為了讓大家能夠一個人在家簡單完成這套做法，於是我才會推出《1分鐘肌肉扭轉伸展操》這本書。

體驗過「1分鐘肌肉扭轉伸展操」的每一個人，經常跟我分享他們出現了這些變化：

- 肚子變平坦且看得出腰身了
- 臀部變翹變小了
- 大腿及小腿肚變細了
- 體重和體脂肪率減少了
- 臉部及雙腳的浮腫現象消失了
- 便祕解除了
- 改善駝背且姿勢變好了
- 站姿及走路姿勢變好看了
- 身體僵硬及疼痛現象解除了
- 不再過食

書中這五款「1分鐘肌肉扭轉伸展操」可以「一心二用」，所以只要自然而然融入日常的空閒時間做一做就行了。只須稍微改變一下關節及肌肉的使用方式，就連自認為「很難變瘦、絕對辦不到」的中高年齡患者，他們的體重及體脂肪率也會隨著關節可動域復原而一步步往下掉。

當然，完全不必限制飲食，諸如甜食或炸物等食物，也全部都可以吃。有些人因為工作上的關係不得不喝酒，所以飲酒當然也無妨。因此可以避免掉減肥時常見的失敗原因，比方說嚴格的飲食限制導致壓力變大，忍住不吃結果在反作用力下暴飲暴食而復胖。

上了年紀之後，越來越多人表示「不管怎麼做運動或飲食限制還是瘦不下來」。還有「不想照鏡子」、「不想站上體重計」、「不想拍照」、「不想見朋友」、「穿不下衣服或內衣褲」、「吃東西會有罪惡感」，對這些情形感到很煩惱的人也不在少數。

就連最終手段「不吃東西的減肥法」，也會隨著年齡增長而看不出成果，只會越來越擔心身材走樣的問題。不管怎麼做還是無法解決煩惱，在無力感籠罩下，放棄變瘦的聲音不絕於耳。真的叫人很難受。

現在大家可以放心了。不必努力，不管幾歲，只要好好活動關節，開始使用過去身體一直沒有用到的深層肌肉，自然就能瘦下來。如果你有容易變胖，不容易瘦下來的煩惱，請你一定要來試試看。

CONTENTS

目錄

Chapter

1

粒線體減少，變成再努力也瘦不下來的體質

Chapter 2

就算只做「肌肉扭轉伸展操」，也能成功減掉脂肪

Chapter 3

「1分鐘肌肉扭轉伸展操」讓你變成易瘦體質！

Chapter 4

傳授私藏的瘦身祕訣，針對局部特別有效！

骨骼或關節變形，還有關節、肌腱或肌肉會痛的時候，請完全結束治療後再來做這個「1 分鐘肌肉扭轉伸展操」。若身體有發炎症狀的話，等痊癒後即可進行「1 分鐘肌肉扭轉伸展操」。孕婦也能做「1 分鐘肌肉扭轉伸展操」，不會有任何問題，但還是先徵詢一下婦產科醫師的意見。特別注意：產婦在產後 1 個月內骨盆逐漸收起來的期間，請暫停做「1 分鐘肌肉扭轉伸展操」。

另外，身體的感覺也很重要，剛剛好痛得很舒服的程度代表肌肉在伸展，關節可動域正在逐漸回復當中，並不會造成問題。但如果身體出現強烈疼痛，或是會發麻的話，恐怕是因為伸展而刺激到其他部位了，此時請立即停止，並觀察一下狀況。如果沒有問題，請慢慢地從輕度伸展的地方重新開始進行。

Chapter

1

粒線體減少，變成再努力也瘦不下來的體質

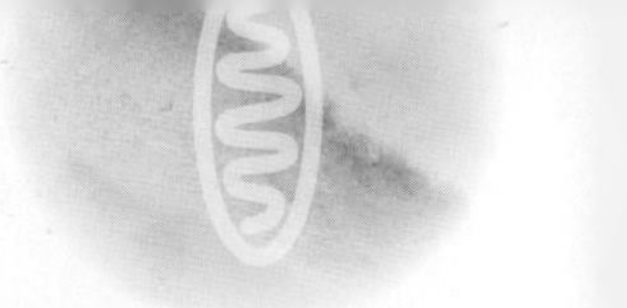

「爲何拼命減肥卻再也瘦不下來？」其實是有原因的

隨著年紀一年年增長，深感「不吃就能瘦的方法已經不管用」的人越來越多，抱怨「自從過了三十五歲之後不僅瘦不下來，體重還一直增加」的更是大有人在。假如每天的活動量以及飲食內容並沒有太大變化，想不出什麼原因但體重卻降不下來的話，有可能是體內的「粒線體」銳減了。

「粒線體？這個名詞聽起來好艱深……。」

燃燒脂肪的燃燒爐不見了，或是一直在減少

粒線體減少的話，減肥效果便難以顯現

為什麼瘦不下來呢……
啪噠
啪噠
粒線體
粒線體
再會啦～～
粒線體

有此疑慮的人，請不用擔心。

粒線體是一個強力幫手，有助於身體熊熊燃燒囤積在體內的脂肪及糖。一旦粒線體減少，身體就會像蠟燭少了點火的引線一樣。缺少點火的引線（粒線體）來燃燒蠟（脂肪及糖），於是脂肪才會一直囤積在身上。

想要瘦得很好看，最重要的課題就是如何消耗囤積的脂肪，但是粒線體減少的話，消耗脂肪就會變得有困難。

何謂粒線體

細胞內 24 小時不間斷合成「ATP（三磷酸腺苷）」的小器官，而 ATP 可在消耗脂肪及糖後，作為活動身體的能量來源。所以粒線體也稱作「細胞的能量工廠」

體內粒線體越少的人，身體會越來越僵硬

雖然提到「體內的粒線體一直在減少」，可是大家也許會覺得，粒線體不但看不見也無法領會，根本不知所云。其實身體有二個現象可以判斷粒線體是否減少了，其一是身體變冷。當內含大量粒線體的肌肉細胞隨著年紀增長減少之後，身體的產熱量也會變少，就是因為這樣才會出現身體發冷的現象。

另一個現象是身體變僵硬。通常許多大量內含粒線體的肌肉，都會用來維持骨骼及關節位於正確位置，但是當大幅活動身體的機會減少，關節的靈活度就會變差，支撐關節的肌肉無法發揮作用後，肌肉便會一直變小。這些肌肉衰退的越厲害，關節也會出現歪斜，甚至引發其他肌肉也難以活動進而衰退的惡性循環。如此一來，粒線體的數量將逐漸減少。

影響關節變得不靈活的三大原因如下：脊椎側彎的活動量不足、肩胛骨往脊椎靠攏的活動量不足、雙腳內外扭轉的活動量不足。其中更有一些部位的可動域，與關節可以正常活動的人相較之下，平均減少了七成。

但是請大家放心，無法發揮作用的沉睡肌肉越多，當肌肉覺醒後就會強力啟動，開始熊熊消耗脂肪喔！

關節活動不靈活的話……

① 肌肉會變得難以活動

走路、拿東西、維持姿勢的動作幅度會在不知不覺間受限

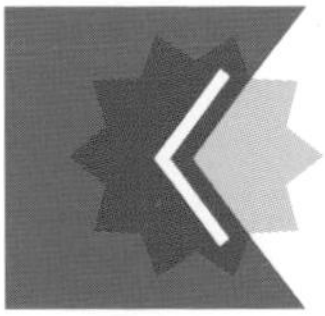

② 肌肉會變細小

以往一直做得到的動作受限之後，有些肌肉會變得無法使用而逐漸衰退

③ 造成肌肉過勞

肌肉無法使用變細小後，這些肌肉的工作將由其他肌肉負擔，造成過度使用

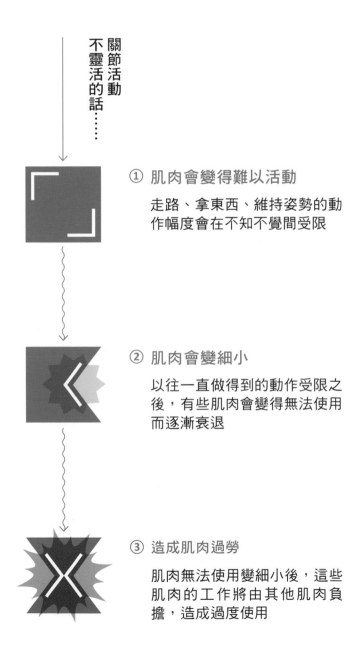

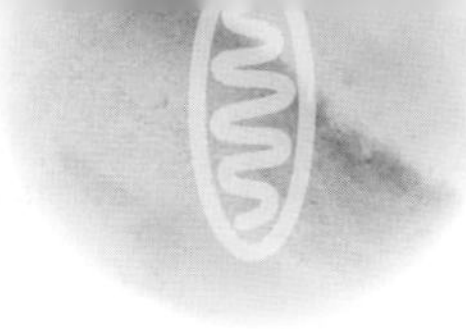

「粒線體」是代謝脂肪的救星

為什麼身體內的粒線體會減少呢？

雖然幾乎所有的細胞都有粒線體，事實上不同細胞的粒線體內含量卻是天差地別。龐大數量的粒線體會集結的地方，通常是活躍於身體深層，隨時用來維持姿勢的肌肉細胞。

平時只要有使用到這些肌肉，血液循環就會變好，肌肉密度也會提升，還能維持住粒線體的數量。但是不加以使用這些肌肉的話，粒線體會像睡著了一樣，因此燃燒脂肪及糖的作用會變差，就連數量也會逐漸減少。

惹人厭的脂肪費盡千辛萬苦也消除不了，其實燃燒脂肪的關鍵便掌握在這些肌肉手裡，可惜這些肌肉卻在不知不覺間衰退了。

一提到肌肉，也許有人會心想，「難道又要鍛鍊肌肉了？」幸好最叫人開心的是，富含粒線體的肌肉完全不必努力做訓練，所以才會將粒線體稱作是減肥者的救世主。

不僅如此，由於粒線體是燃燒脂肪及糖再生成能量的「發電廠」，所以粒線體減少身體就會發冷，算是容易導致身體不適的原因之一。反之，當粒線體增加身體便不容易疲勞，早上睡醒時也會變得神清氣爽，令人心曠神怡。總而言之，粒線體還掌握了維持健康的關鍵。

身體增加粒線體的方法往往太過辛苦……

想讓對身體好處多多的粒線體數量增加，究竟該如何做呢？關於這點健康科學上已經做過許許多多的研究。舉例來說，目前已知長時間做感覺到「吃力」的運動並養成習慣之後，粒線體就會增加。一旦發覺能量不足追不上身體所需的話，細胞其實也存在著一種機制，會開始運作使粒線體增加。

其次是飲食不能超過七分飽，減少一整天的攝取熱量，保持空腹的狀態，曾有報告指出，利用這種方法會使號稱「長壽基因」的 Sirtuin 基因活化，粒線體便會增加。

除此之外，目前還知道泡冷水澡或是用冰袋冰敷身體的寒冷刺激，也會讓細胞以為需要能量而使粒線體增加。

只不過，每一種做法最關鍵的一環，全是要「讓身體面臨極限」。任何一種做法，都需要非同一般的努力、意志力及忍耐力才能持續下去的苦行。「做得到這些，身材就不會變成現在這樣了」，想必心裡有此感想的人應該不計其數。

對於原本就不擅長運動無法持之以恆的人，還有最愛吃東西很難節制飲食及零食的人來說，實在是門檻頗高的解決對策。

做得到
就能大幅增加
粒線體的做法

逼迫身體
辛苦健身

減少一半程度
的飲食

沖冷水澡或
泡冷水澡

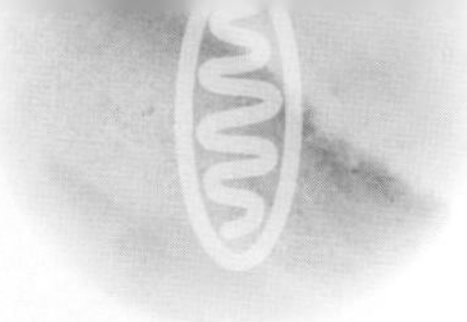

伸展「某部位」就能輕鬆增加粒線體

這裡有一個好消息要告訴大家。事實上體內有七塊肌肉會充分聚集特別多的粒線體，只要能運用到這七塊肌肉，就能一口氣瘦下來。

七塊肌肉主要位在背部、腹部及腰部一帶，用來維持姿勢，由於是直接附著於骨骼上，保持骨骼及關節位於正確位置，所以也稱作「深層肌肉」。

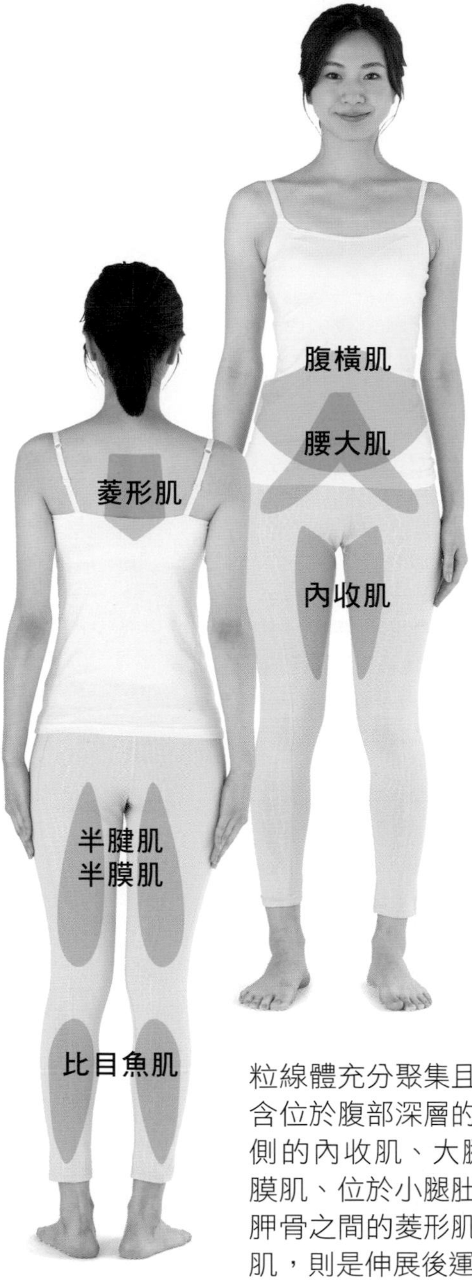

粒線體充分聚集且容易收縮的肌肉，包含位於腹部深層的腰大肌、位於大腿內側的內收肌、大腿後側的半腱肌和半膜肌、位於小腿肚的比目魚肌。位於肩胛骨之間的菱形肌與覆蓋在腹部的腹橫肌，則是伸展後運作機能容易變差。

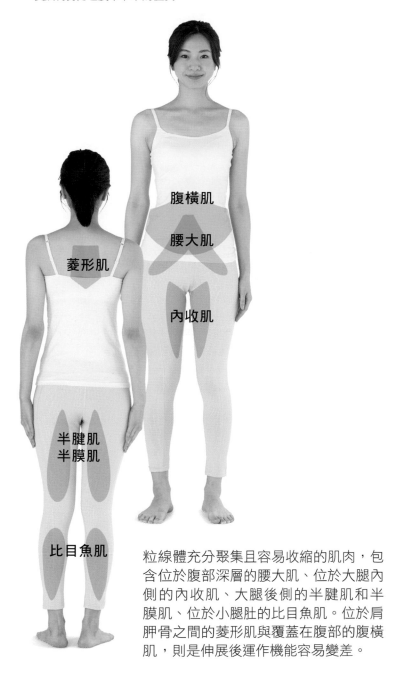

這些肌肉裡的粒線體運作十分活躍，可使體內脂肪熊熊燃燒轉變成能量，因此也可稱這七塊肌肉為「粒線體肌」。

這些「粒線體肌」並不會像健身時鍛鍊的肌肉一樣大幅伸縮，稍微長時間伸展一下便足以促進血液循環，體溫上升後，基礎代謝也會提升。

當這些肌肉有好好活動時，連帶關節可動域也會變大，還會使動作加大，因此在日常生活中的能量消耗量也會上升。甚至肌纖維的密度會增加，所以粒線體也會進一步增多。這些變化將會使身體恢復正常，讓脂肪不斷燃燒，積極轉變成能量。

「粒線體肌」潛藏的脂肪燃燒力，比粒線體含量少的淺層肌肉高出約30倍。也就是說，粒線體肌會爆炸性地激發出「瘦身力」。

粒線體藉由伸展的刺激就會甦醒

姿勢對於存在粒線體肌的關節，會帶來非常大的影響。若是長期彎腰駝背、站立時腹部凸出、重心放在腳跟等姿勢，關節一定會錯位。不去理會關節錯位的問題，與關節有關係的肌肉會一直伸展或不停收縮，恐怕將會變得無法好好運用。

為了解決這種情形，便需要仔細伸展肌肉加以刺激。

我們鎖定伸展這些平時很少活動的粒線體肌，就能使粒線體肌從休眠狀態一口氣活躍起來。

慢慢地將粒線體肌伸展到最長之後，對於恢復關節可動域的效果絕佳。只要關節能夠經常活動，其他肌肉也能恢復原本的伸縮性，且肌纖維的密度會增加，當粒線體變多之後，基礎代謝也會提升。

如此一來，身體不必做什麼就能二十四小時自動消耗掉許多能量，逐漸找回易瘦時期的體質。

粒線體肌在伸展後企圖收縮的瞬間，會消耗最多的能量。所以在體內一直收縮、長期伸展下功能變差的少動肌肉群，也會變成能量消耗量激升的狀態。這樣一來，身體就會越來越容易瘦下來。

**肌肉收縮時會
消耗許多能量**

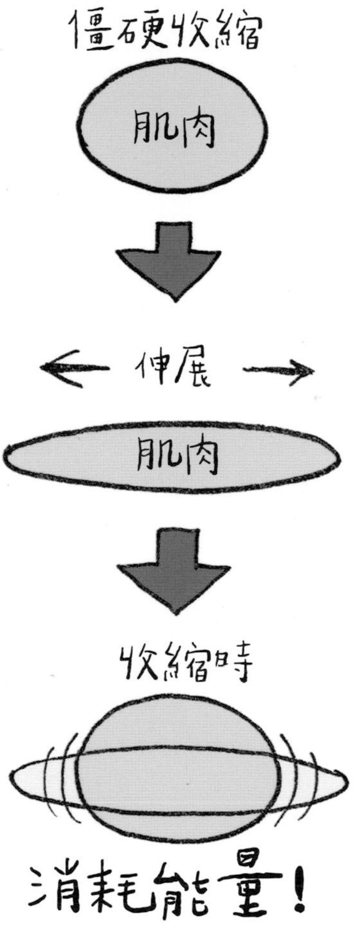

「短短幾週內快速減去體重」，是造成皺紋及肌肉鬆弛的元凶

近期頻繁上健身房做高強度的肌肉訓練及有氧運動，還有進行嚴格飲食控制，想藉此在短時間大幅減重的人，變得越來越多。這種劇烈的做法我並不特別推薦大家。

當然有些人還是能夠如此成功減重，但是35歲之後在短時間減去很多體重的人，明顯可發現肌肉和皮膚的恢復速度追不上瘦身速度，例如臉部、腹部及腰部周圍的皮膚會鬆垮，頸部、下腹部及臀部會出現很深的橫紋，容易導致許多問題產生。尤其臉部皮膚會顯著下垂，很可能一口氣變老好幾歲。

而且，嚴格飲食控制後身體會缺少許多必需營養素，有的人肌膚還會變得乾燥粗糙。好不容易瘦下來了，卻很難避免皺紋及下垂現象增加，看起來變老的情形。成年人想要漂亮地瘦下來，最好要記住千萬不能焦急喔！

column

Chapter 2

就算只做「肌肉扭轉伸展操」，也能成功減掉脂肪

用肌電圖檢測儀
徹底驗證

「1分鐘肌肉扭轉伸展操」的神奇效果！

走路

「1分鐘肌肉扭轉伸展操」
做完前後的肌肉活動變化率

腹橫肌	207.2％
腹外斜肌	245.0％
背闊肌	128.6％
臀大肌	187.3％
半膜肌	2000.0％
內收肌	204.1％

做完「1分鐘肌肉扭轉伸展操」後，可促進大腿後側的肌肉伸展開來，讓平常很難充分打開的膝蓋角度，也能確實擴展開來。而且骨盆會很容易進行旋轉運動，自然在腹部周圍斜向分布的肌纖維，活動量也會增加。

感謝協助測量的專家

關西醫療大學
吉田隆紀副教授

起立

「1分鐘肌肉扭轉伸展操」
做完前後的肌肉活動變化率

腹橫肌	527.3%
腹外斜肌	331.5%
背闊肌	191.1%
臀大肌	217.7%
半膜肌	1500.0%
內收肌	292.2%

做完「1 分鐘肌肉扭轉伸展操」後，在起立的時候膝蓋關節容易向內轉，從臀部至膝蓋內側分布在大腿後側，能讓身體扭轉的肌肉會充分伸展發揮作用。而且在起立時將身體抬高的動作，會活動到腰部周圍的肌肉。

坐著滑手機

「1分鐘肌肉扭轉伸展操」
做完前後的肌肉活動變化率

腹橫肌	98.7 %
腹外斜肌	327.7 %
背闊肌	140.9 %
臀大肌	153.8 %
半膜肌	500.0 %
內收肌	125.8 %

做完「1分鐘肌肉扭轉伸展操」使腰部容易扭轉之後，滑手機時身體經常出現的微妙扭轉動作，容易使腹部的深層肌肉活動量增加。而且髖關節的扭轉動作改善之後，左右腳膝蓋會較為靠近，單純坐著時，從骨盆到大腿內側的肌肉會充分發揮作用。

實行「1分鐘肌肉扭轉伸展操」，任何體質都能找回「變瘦的力量」

粒線體肌具有高效瘦身效果，最能有效活化粒線體肌的方法，就是這套「1分鐘肌肉扭轉伸展操」。最特別的地方在於「扭轉」的動作，讓肩膀、髖關節及軀幹容易變窄的關節動作，以最有效率的方式恢復原狀。因為在日常生活中幾乎不會進行「扭轉」的動作，然而，多數肌肉皆呈現扭轉的形狀，所以與其將肌肉伸直，更應該加以扭轉後伸展，才能更有效率地刺激到整體肌肉。

為什麼要持續伸展1分鐘，是因為想要擴大關節的可動域必須達到一段時間才行。單純伸展肌肉的話二十～三十秒即可，但要連僵硬的關節一帶都鬆弛開來，最有效率的做法就是持續伸展1分鐘。因為未達1分鐘的話，關節可動域無法順利擴展，超過1分鐘，對於關節周圍的效果與1分鐘並沒有多大差別。

利用這套「1分鐘肌肉扭轉伸展操」，使關節可動域恢復原狀之後，在粒線體的力量下，脂肪熊熊燃燒後基礎代謝會提升，身體就會自動瘦下來。很多人都表示，持續做「1分鐘肌肉扭轉伸展操」之後，尤其腹部周圍、臀部及大腿都明顯小了一號。請大家記住，每天都要更新自己的最佳狀態，使關節可動域能擴大一毫米也好，這才是增強「瘦身力」的捷徑。

肩胛骨

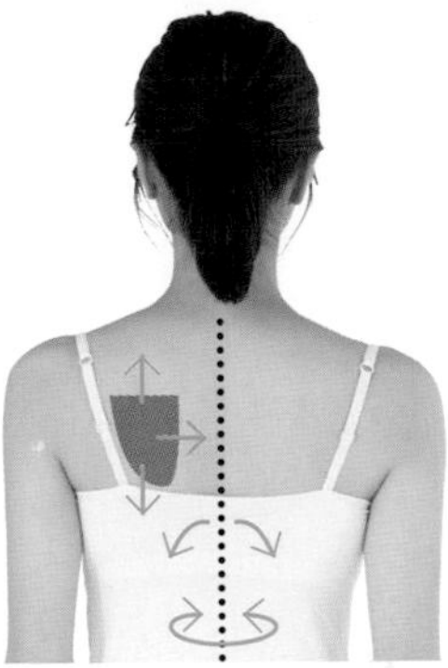

藉由「扭轉」使肩膀及軀幹的靈活度恢復原狀

只要不習慣活動脊椎及肩胛骨，動作就會逐漸變得不靈活

髖關節

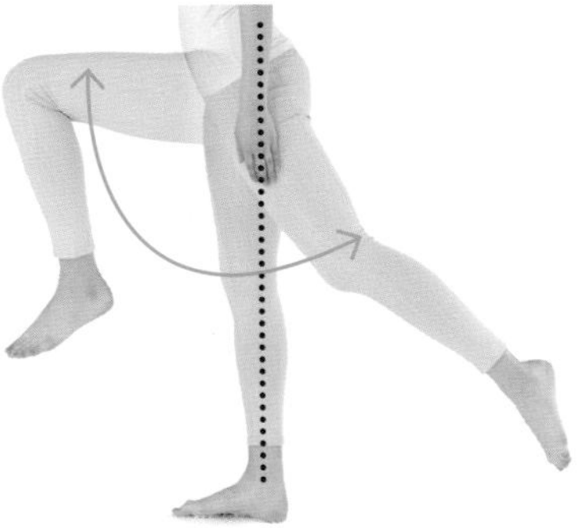

藉由「扭轉」使髖關節的靈活度恢復原狀

現代人在日常生活中鮮少有機會大幅活動雙腳，因此動作只會越變越不靈活

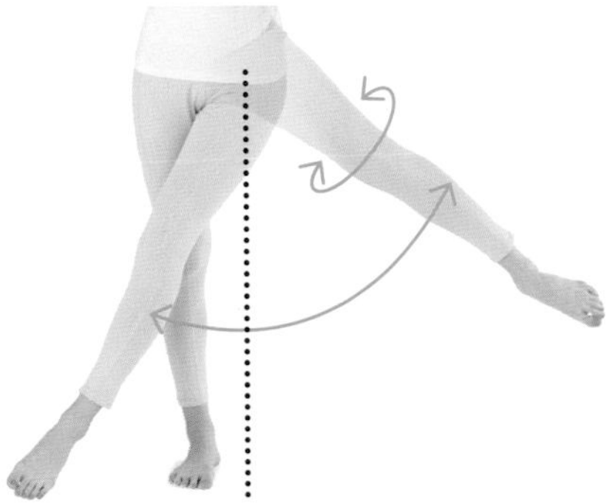

8 放鬆再扭轉並伸展

「1分鐘肌肉扭轉伸展操」就是這點最厲害①

「1分鐘肌肉扭轉伸展操」的做法非常簡單，只須扭轉身體再伸展就行了。忙碌人士還有討厭運動的人都表示，「不但不需要特別的工具，而且窩在家裡就能做」，因此備受好評。「1分鐘肌肉扭轉伸展操」要放鬆後再來進行，所以甚至能調整自律神經取得平衡，獲得舒緩身心緊張的效果。

無論再忙的人，只要能一心二用的話，相信很容易就能將「1分鐘肌肉扭轉伸展操」融入日常生活當中了

到目前為止已經聽到很多人跟我說，「後來才發現身體一直在使力且十分僵硬」、「變得很容易入睡了」，讓我感到非常開心。

還有人向我反應，「將伸展部位分開來做，或是邊做操邊做其他事，還是能夠看出明顯效果，這點真的很讚」。「1分鐘肌肉扭轉伸展操」，只要扭轉再確實伸展，就能使關節可動域恢復原狀，所以想怎麼做就怎麼做。

對於「1秒1秒慢慢數會感到不耐煩」的人，我會教他們「可以邊看電視或邊滑手機，邊做「1分鐘肌肉扭轉伸展操」」。

另外，也可以在睡覺前或睡醒後，馬上在仰躺狀態下做「1分鐘肌肉扭轉伸展操」，甚至是一面刷牙一面做，找出容易養成每日習慣的做法及時間，才容易早日看出成果，所以請大家一定要來試試看。

8

「1分鐘肌肉扭轉伸展操」就是這點最厲害②

睡眠期間也會燃燒熱量

「1分鐘肌肉扭轉伸展操」可以讓關節可動域恢復原狀，使身體深處沉睡中的粒線體覺醒，如此一來就能促進體內的血液循環，於是身體就會由內溫熱起來，能量消耗量也會增加，有些人的基礎代謝還會提升，變得大汗涔涔。總之，身體會變成不必做什麼運動，也能夠確實消耗脂肪。

而且持續做「1分鐘肌肉扭轉伸展操」之後，粒線體肌的密度還會增加，粒線體的數量也會變多。如此一來燃燒體內脂肪轉換成能量的力量將大幅提升，無論醒著時或是睡著時，一年三百六十五天，一天二十四小時，都會自行消耗能量，逐漸變成易瘦體質。

「1分鐘肌肉扭轉伸展操」，除了一天做一次，不用十分鐘就能做完，而且只要伸展身體，就能養成一輩子受用無窮的瘦身力，實在是一套超高效的減肥法。拼命燃燒脂肪的不是你本人，而是粒線體在努力燃燒脂肪。趕快一起來扭轉再伸展，擁有一身粒線體會自行消耗脂肪的體質吧！

單純睡覺脂肪
也會燃燒

粒線體活躍起來且變多之後，就算過著一樣的生活，能量消耗量還是會加

8

「1分鐘肌肉扭轉伸展操」就是這點最厲害③

照常飲食，想吃就吃無須忍耐

基本上，我會問大家為了身體健康平常都吃哪些食物，但是我並不會特別限制大家限制飲食。理由是一旦停止飲食限制，很多人就會在過去忍住不吃的反作用力影響下，開始大吃特吃而復胖。所以不管是吃零食或喝酒，照常生活即可。

不需要特別
禁止喝酒

大幅改變飲食習慣會造成相當大的壓力，所以要小心

唯獨針對一餐可以吃掉三人份速食餐的人，與一口氣可以吃光一整顆蛋糕的人，考量過大食量和不健康飲食容易罹病的風險下，會建議控制飲食，需要被限制的部分大概僅此而已。

飲酒的部分，有些人因為工作的關係不得不喝，而且我自己也很愛喝酒，想到限制飲酒後會造成壓力，因此我並不會特別禁酒。

飲食方面一天可以控制攝取熱量在三千大卡以下的話，吃什麼都無妨，建議一天三餐要吃得均衡。減肥時通常不能吃的醣類及脂質，對身體而言都是絕對必要的營養素，不管缺少哪一種營養素，都會產生嚴重的空腹感，代謝會變差，反而會造成肥胖。

有趣的是，做做「1分鐘肌肉扭轉伸展操」，使身體變得能自行燃燒脂肪後，抑制食欲的效果也很容易明顯增強，多數人的食量居然就自然而然變正常了。

一開始很多人做完「1分鐘肌肉扭轉伸展操」後都會肌肉痠痛，所以為了改善身體循環以減輕痠痛，做操前後請別忘了補充水分。建議大家充分攝取水分，一天應達一・五升以上。

8

「1分鐘肌肉扭轉伸展操」就是這點最厲害④

關節靈活度回復後中止也沒關係

不管多輕鬆的減肥法，無論是運動或飲食習慣，如果「這輩子都必須一直做下去」，就會讓人感到很大的壓力。

事實上「1分鐘肌肉扭轉伸展操」，只要關節可動域復原之後，不做了也沒關係。讓僵硬動不了的關節可動域確實擴展開來之後，支撐著這些關節的粒線體肌也會復活，因此增加的粒線體就能自行燃燒脂肪，不斷維持這樣的狀態。

只不過，雖說關節可動域會回復，但是很多人卻搞不清楚這是怎樣的狀態。每個關節能夠做到怎樣的動作，可以活動到多大的角度，其實是有標準可循的，所以我會實際活動關節再逐一檢查。

不會感到必須努力一輩子的壓力
身體自行瘦下來！

只要粒腺體運作改善，能量消耗就會提升。

一般人很難透過這種方式加以確認，因此請觀察看看自己做「1分鐘肌肉扭轉伸展操」時是否變得游刃有餘，以此作為判斷基準。

轉變快一點的人大約只要二、三週，就算是身體特別僵硬的人，同樣只要持續做五週之後，就能做到正確的動作了，最慢的應該在三個月後就能輕鬆完成「1分鐘肌肉扭轉伸展操」。

達到關節靈活的境界之後，就算你中止不做了也沒關係。因為粒線體已經開始運作，所以什麼都不必做，能量消耗量就會提升。日後當身體變硬，關節可動域變小時，只要做做「1分鐘肌肉扭轉伸展操」保養一下即可。粒線體會持續努力運作，讓我們可以維持容易瘦下來的體質。

8

「1分鐘肌肉扭轉伸展操」就是這點最厲害⑤

無關年齡，高齡者減肥也有效！

常聽說有些人大約在三十五歲之前，只要減少食量就能變瘦，但是這些人在三十五歲過後，甚至是到了四十幾歲、五十幾歲後，隨著年齡增長就完全瘦不下來了。

不少人毫不隱瞞地說他們最煩惱的事，就是「自己持續更新史上最高體重」、「不想照鏡子」、「沒有衣服能穿」、「吃東西會有罪惡感」、「討厭量體重」。

人上了年紀之後，很難瘦下來的原因都是因為代謝變差了。如此說來，做「1分鐘肌肉扭轉伸展操」會刺激體內深層肌肉使粒線體增加，讓身體找回燃燒脂肪的力量，因此可說最適合徹底解決代謝低下的問題。就算沒有運動習慣，只要讓沉睡在身體深處的粒線體肌覺醒，很容易就能使代謝不良回復原狀。

當然，只要關節可動域擴展後，所有的動作都會變大，日常行為以及運動所消耗的能量都會提升，所以每一個人都能看出瘦身效果。事實上包含產後、更年期、高齡者等形形色色的人來院後，都很開心地跟我說：「本來已經放棄了，沒想到還能瘦下來！」

其中還有五十幾歲的患者減下了十公斤。這個年紀相當於更年期，經常會賀爾蒙失衡才容易變胖，就算減肥還是瘦不下來的人數多不勝數，但是幾週過後便聽到有人跟我說，「原先怎麼減也瘦不下來，沒想到竟然變瘦了」、「覺得量體重是件很開心的事」。

最近甚至有七十幾歲的患者，歡歡喜喜地向我回報，說他肚子上的肥肉消失、人也變瘦了。所以以後可以不必以年齡為藉口而放棄身材了，這也是「1分鐘肌肉扭轉伸展操」的優點。

「怎麼努力都瘦不下來」的人要特別小心

我經常聽到瘦身後不停復胖的人如此抱怨：「我明明很努力了卻一絲一毫都瘦不下來」。不同的減肥法其效果也天差地遠，並非努力就一定有回報，所以這是十分惱人的問題。

像我曾經很想瘦下來而拼了命地健身，結果身材只是變得粗壯，讓我很絕望。但是也有人單靠健身，卻能漂亮地瘦下來。但有一點我敢很肯定地說，努力減肥若是無法很快看出效果，一定就很難堅持下去，所以因為沮喪而停止減肥就容易復胖。

column

Chapter 3

「1分鐘肌肉扭轉伸展操」，讓你變成易瘦體質！

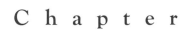

「1分鐘肌肉扭轉伸展操」具有兩大神奇功效

「1分鐘肌肉扭轉伸展操」最大的效果就是可以逐步擴展關節的可動域。就像幫生鏽的關節除鏽一樣，每次伸展及扭轉時都能加大一毫米的話，可動域就會確實擴大。反過來說，只要無法更新自己的最佳記錄，可動域就不會擴大，活躍的粒線體數量便不會增加，也就是說，讓脂肪自行燃燒，使能量消耗量增加的力量並不會增強。

還有一點也很重要，**務必持續伸展1分鐘**。

一般做二十～三十秒左右的伸展操，只會將肌肉拉開。因為關節硬梆梆而變小的可動域，很難靠這短短二十～三十秒就恢復原狀，就算可以恢復原狀，也得做上一段時間才行。依照過去的驗證結果顯示，**只要持續伸展一分鐘，幾週過後關節可動域就會確實變大**，所以請大家記住，**沒有遵守這個時間的話，成果就不會在幾週後顯現出來**。

當然，沒必要所有部位都連續操作，只要每個部位都能遵守一分鐘的時間，分開做也無妨。而且可以一邊做其他事，一邊進行「1分鐘肌肉扭轉伸展操」，請大家在想做的時間輕鬆愉快地持續做下去。

秘訣

逐步擴展可動域

一口氣用力伸展恐怕會造成身體疼痛，所以請慢慢地擴大可動域。持續伸展 1 分鐘後，可以再次輕鬆完成相同的伸展動作時，代表可動域已經順利擴展開來了。

秘訣

持續伸展1分鐘

曾經有身體僵硬的患者形容，「這 1 分鐘如同被詛咒一般漫長」，不過這種情形只會在一開始的幾次出現而已。持續做下去之後，每一個人一定都能輕鬆完成「1 分鐘肌肉扭轉伸展操」，敬請放心。

檢測關節可動域，看看你的身體有多僵硬？

體質已經變得很難瘦下來的人，一開始可能很難順利完成「1分鐘肌肉扭轉伸展操」。因為關節可動域已經變小了，用來維持姿勢且富含粒線體的肌肉都沒有在使用的關係。

這時候應該如何是好呢？

現在就來為大家介紹一下，利用簡單的姿勢就能檢測出可動域容易變小的肩胛骨周圍，與髖關節的靈活度如何。首先，請參考照片試著做出這些姿勢，假如肩膀、胸部、腹部及大腿的肌肉，會在「痛得很舒服」的範圍內伸展開來的話，代表你的身體偏柔軟。無法順利完成姿勢的人，在操作後面五款「1分鐘肌肉扭轉伸展操」時，可以從「做不到的人先從此處開始做起」的動作做起，先讓身體放鬆下來。

check

□ 肩胛骨周圍檢測

下臂緊貼牆壁，看看身體能不能往牆壁的反方向扭轉

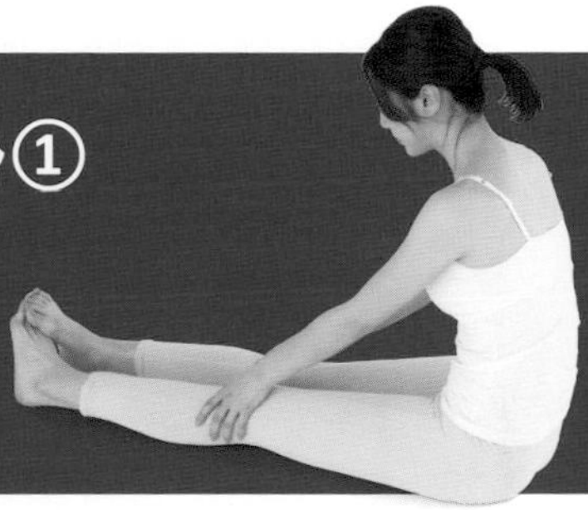

check

□ 髖關節檢測姿勢①

雙腳伸直坐好，看看腳踝彎曲呈90度後，能不能抓住大腿或膝蓋

check

□ 髖關節檢測姿勢②

雙腳前後打開，手放在膝蓋上，看看手肘能不能伸直

往內轉

可邊刷牙或是
邊看電視時，同時進行

「1分鐘肌肉扭轉伸展操」①

扭轉手臂、伸展胸部

Standby

稍微離開牆壁，雙腳打開與肩同寬、站穩。使手肘與肩膀同高，並將下臂緊貼牆壁。

瘦雙臂、腹部最有效！

對這裡最有效！

讓身體開始運用背闊肌、腹斜肌、菱形肌，使收縮的胸大肌、胸小肌，均伸展開來。

1 將手臂於面前扭轉 180 度

右手下臂於面前扭轉 180 度，使指尖朝向正下方。

2 將身體慢慢往外

整個身體從 1 的姿勢往正側邊轉 90 度。一面自然呼吸，一面維持這個姿勢達 1 分鐘。另一邊也是相同做法。

肩膀往上或會痛的時候，放寬下臂的角度再從這個位置開始動作。

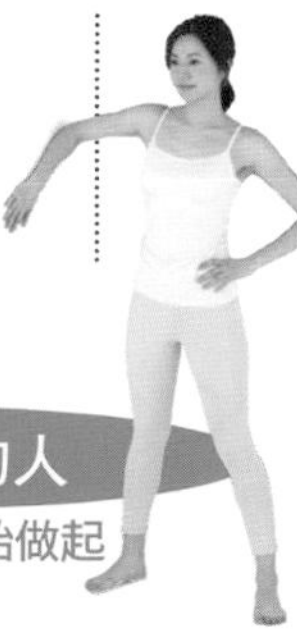

做不到的人
先從此處開始做起

手肘上下移動
手肘位置不能移動。但是有四十肩、五十肩的人，可以移動到不會痛的位置。

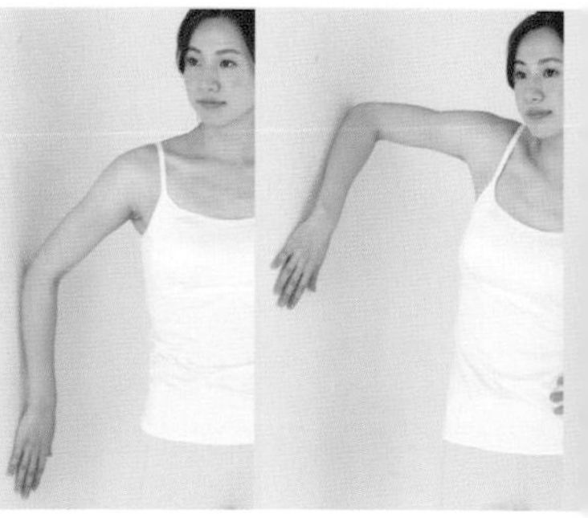

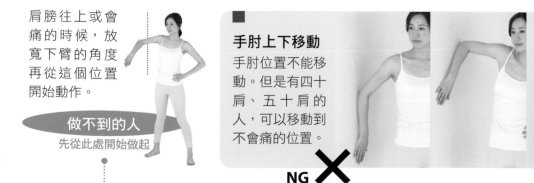

Standby

稍微離開牆壁，雙腳打開與肩同寬、站穩。使手肘與肩膀同高，並將下臂緊貼牆壁。

扭轉

1 將手臂往後扭轉30度左右

右手下臂朝後側扭轉30度左右。

下臂很難扭轉的人，從做得到的角度做起即可，再慢慢地接近理想的角度。

做不到的人

先從此處開始做起

■

身體前後左右移動

肩關節可動域狹窄的話，肩膀及雙腳容易前後左右移動。

NG ✕

將手臂於面前扭轉後，會開始使用到肩膀至背部的肌肉，往後側扭轉後，會開始使用到背部的肌肉，因此側腹部會緊縮，有助於回復腰身曲線。而且能讓一直過度使用的雙臂及肩膀周圍的肌肉獲得休息，開始運用到胸部及背部的肌肉。還可以使雙臂變細，緩解駝背、肩膀痠痛、聳肩、圓肩的問題。

2 將身體慢慢往外

整個身體從步驟1的姿勢往正側，邊轉動90度。一面自然呼吸，一面維持這個姿勢達1分鐘。另一邊也是相同做法。

「1分鐘肌肉扭轉伸展操」②

扭轉雙腳、伸展後側

Standby

坐在地上雙腳靠攏後往前伸直。使膝蓋後側貼地。

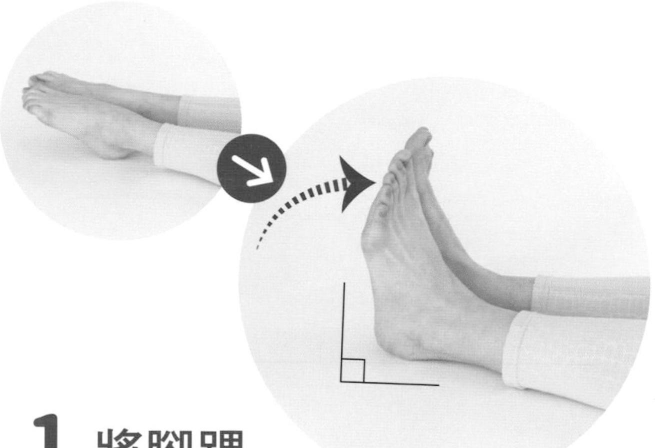

1 將腳踝呈 90 度

腳踝確實彎曲，接近 90 度。

對這裡最有效！

瘦臀部、大腿、小腿肚最有效！

讓身體開始運用半腱肌、半膜肌、腓腸肌、比目魚肌，伸展股二頭肌。

2 將腳往內轉

雙腳腳尖朝向正上方後再向內側傾倒，使雙腳交叉。左腳或右腳腳尖在上都無妨。

骨盆後傾

雙腳後側無法伸展的人，腰部會往後倒。

NG ✕

將腳往內轉，就能運用到大腿後側的肌肉，一直過度使用因而往外凸出的大腿外側，以及臀部周圍的肌肉就會變小。腳踝彎曲後，小腿肚後側也會伸展開來，使得血液循環改善，還會消除雙腳的浮腫現象，甚至能緩解走路時的疲勞及疼痛。

3 抓著腳踝

上半身往前倒，並抓住左右腳的腳踝。

骨盆會一直後傾的人，將腳踝呈 90 度，從抓住大腿的位置做起。最終要能抓住腳尖。

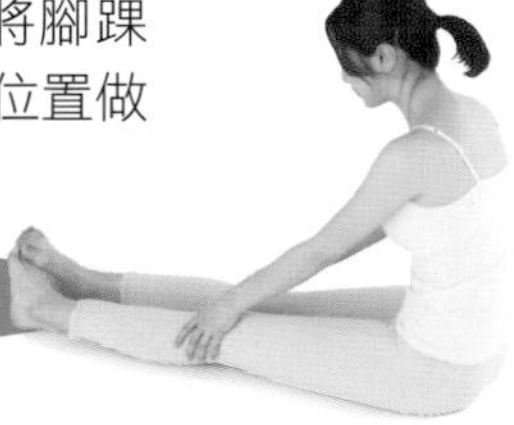

做不到的人
先從此處開始做起

4 讓手肘緊貼

上半身往前更傾倒一些，使雙手手肘緊貼著腳。一邊自然呼吸，一邊維持這個姿勢達 1 分鐘。最終希望能抓住腳尖。

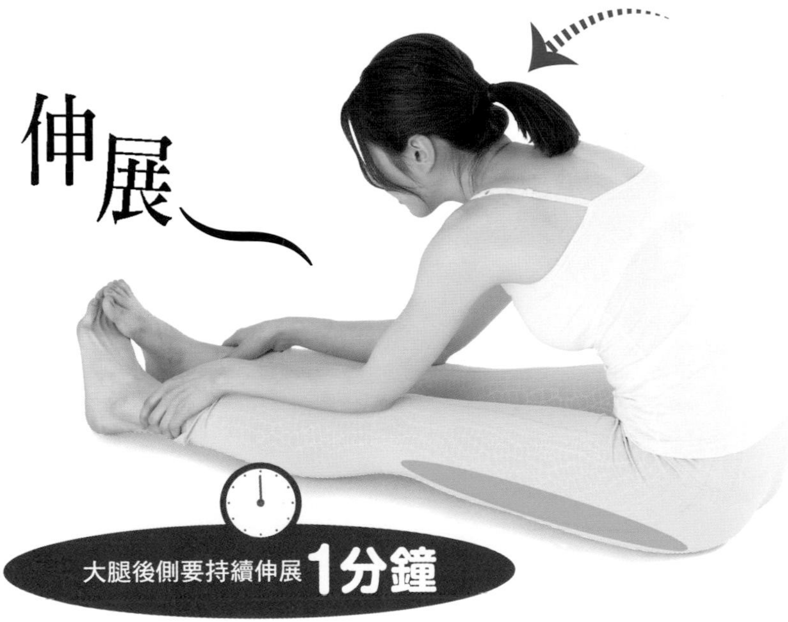

腳踝伸直

腳往內扭轉時
腳尖往前。

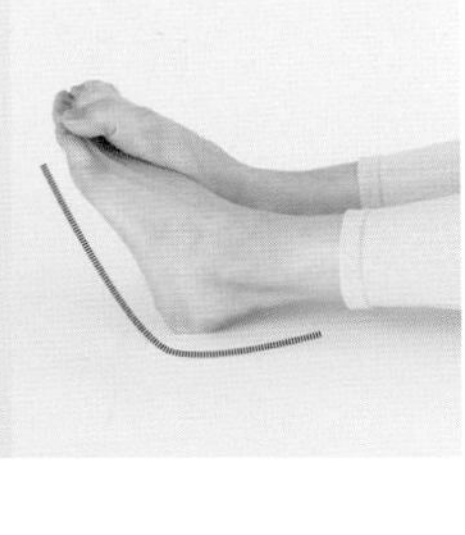

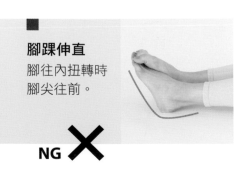

「1分鐘肌肉扭轉伸展操」③

扭轉雙腳、伸展內側

Standby

坐在地上雙腳靠攏後往前伸直。
使膝蓋盡可能貼近地板。

1 將腳左右打開

雙腳左右大幅度儘量打開。

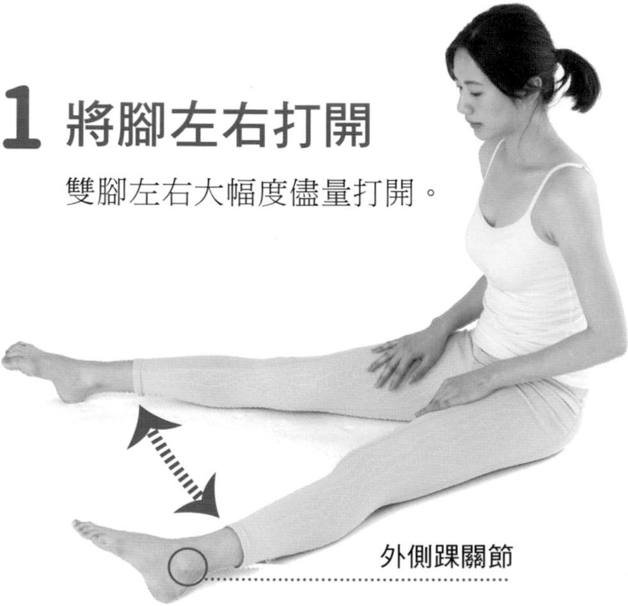

瘦臀部、大腿最有效！

讓身體開始運用內收肌、半腱肌、半膜肌。

2 將腳尖立起後，雙腳往外扭轉

雙腳腳尖朝外，盡可能將外側踝關節靠近地面。

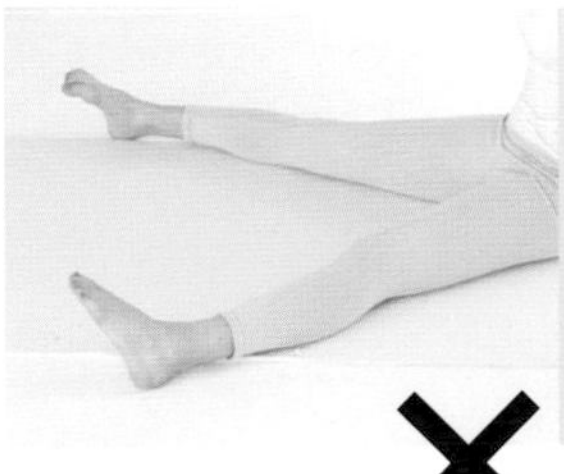

腳尖往內

腳尖容易往內傾倒或伸直，所以須多加留意。

3 將手肘貼地

雙手手掌與手肘確實貼地。自然呼吸同時維持這個姿勢 1 分鐘。

雙腳打開再將腳往外扭轉後，才能使用到大腿內側和後側的肌肉。讓一直過度使用的臀部及大腿外側的肌肉獲得休息，使大腿上半部與臀部得以收縮，這樣在穿鞋、撿拾腳邊物品時，就會變得很輕鬆。身體僵硬的人再做一次動作 2 與動作 3 之後，雙腳就會更容易打開。

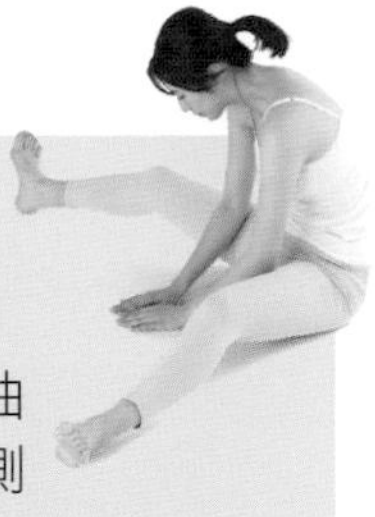

膝蓋及腰部彎曲

膝蓋及腰部彎曲的話，大腿後側的肌肉便無法伸展開來。

NG ✕

身體僵硬的人，從雙腳打開 45 度左右的地方開始做起。腰部會彎曲的人，手於腰部左右兩側貼地再將脊椎挺直，這樣才容易在大腿後側發揮效果。

做不到的人

先從此處開始做起

「1分鐘肌肉扭轉伸展操」④

扭轉並伸展肌肉

Standby

膝蓋立起後將左腳伸出去。

1 將雙腳前後打開

右腳腳踝與腳尖往正後方伸直，右腳大腿儘量往地面靠近。

對這裡最有效！

瘦腹部、大腿最有效！

腰大肌、髂腰肌與腹直肌會充分伸展。

腳打不開的人，從腳貼近身體的地方開始做起。

做不到的人

先從此處開始做起

膝蓋往前凸出

膝蓋過度往前凸出的話，恐怕會造成膝蓋疼痛。

NG ✕

雙腳前後大幅度打開並將上半身抬高後，從腹部至大腿深層的腰大肌才會確實發揮作用，腹部肌肉也會伸展開來，因此能夠同時使腹部與大腿變細。早上起床時還有前彎時會感覺到的腰痛，也能有效獲得緩解

2 將上半身後彎

雙手緊貼左腳膝蓋後手肘伸直，上半身抬高並維持1分鐘。保持自然呼吸。另一邊也是相同做法。

膝蓋會痛的時候，請在膝蓋下方墊著毛巾。

NG ✕

後腳腳尖彎曲

後腳腳尖立起的話，腰大肌會不容易伸展開來。

肩膀縮起來

手肘伸展時肩膀縮起來的話，腰大肌會不容易伸展開來。

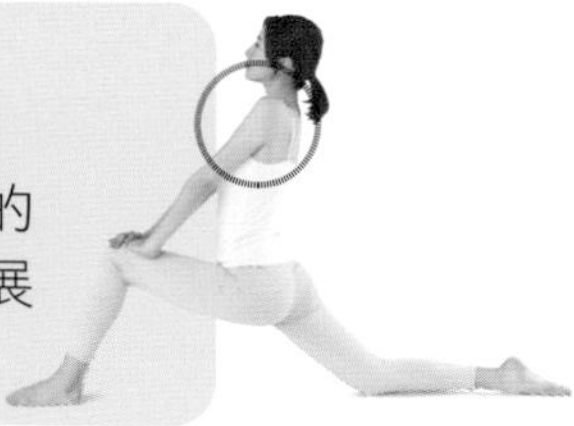

上半身抬高後，身體如果會晃動，請將手靠著桌子等物品。

「1分鐘肌肉扭轉伸展操」⑤

扭轉腰部、雙腳歸位

Standby

呈仰臥姿，手臂於肩膀高度左右張開後手掌貼地，雙膝立起。

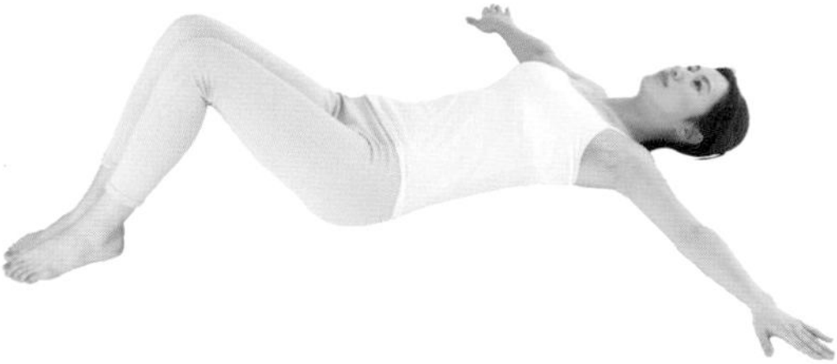

1 將腳跟往臀部靠近

腳跟盡可能往膝蓋的正下方拉過來。

瘦腹部最有效！

對這裡最有效！

讓身體開始運用腹橫肌與腹斜肌。

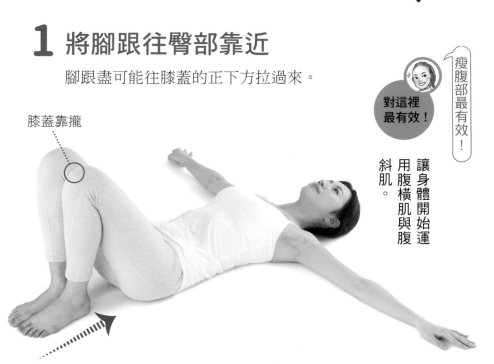

2 將膝蓋慢慢倒下

保持雙膝靠攏的姿勢往右倒。肩膀盡可能保持貼地的姿勢，使大腿外側貼地。

雙膝倒下後雙腳會錯位時，請夾著毛巾。

做不到的人
先從此處開始做起

充分活動腰部周圍的脊椎，才能使用到位於側腹部的腹橫肌及腹斜肌，因此可獲得緊實腰部的效果。此外，姿勢也會有所改善，而且胃下垂的問題解決後會容易出現飽足感，所以還能有效防止過食。甚至連高爾夫的揮桿動作以及繫安全帶的動作等等，都會變得輕而易舉。

3 將腹部內縮後膝蓋歸位

利用腹部內縮的力量，花 3 秒鐘慢慢地將傾倒的膝蓋恢復原狀。先在腹部用力之後，雙腳就會出現往上抬高的感覺。保持自然呼吸。膝蓋左右輪流分別做 5 次，慢慢地倒下再歸位。

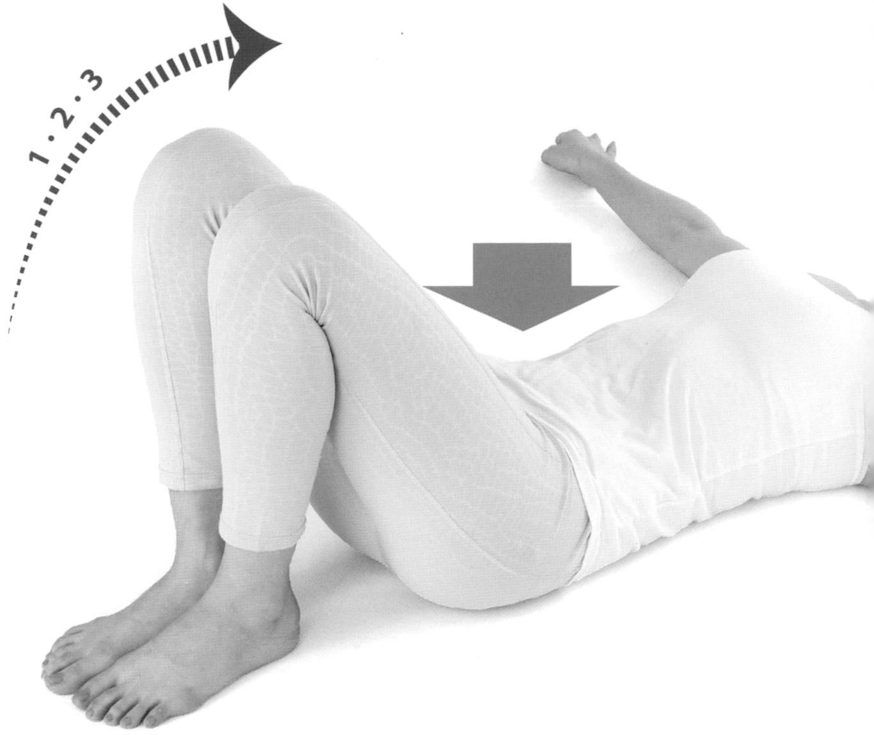

NG ✕

肩膀離地

肩膀離地的話，腹部肌肉便無法好好伸展。

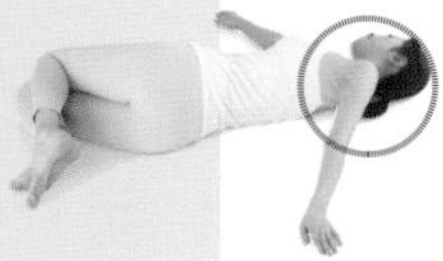

膝蓋迅速歸位

膝蓋倒下後迅速歸位的話，會使用到大腿外側的肌肉。

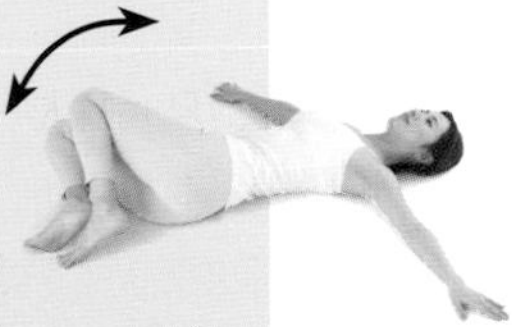

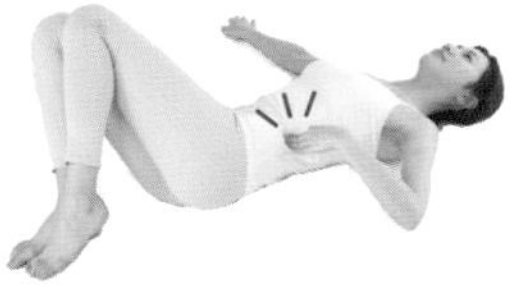

不了解腹部內縮是什麼感覺的人，當膝蓋往右倒下後，請用手觸摸一下左邊的側腹部，只要側腹部會變硬即可。

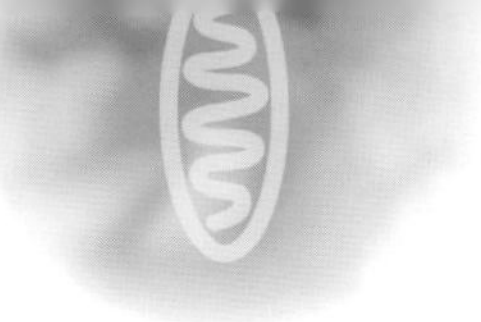

進一步提升效果 ▶1

伸展大腿後側肌群，加速減去脂肪

想讓髖關節及膝蓋關節的可動域恢復原狀，最有效的做法就是確實伸展膝蓋。膝蓋關節彎曲的話，髖關節便無法伸展，下半身的關節靈活度會變差，將無法運用到粒線體肌，所以要讓膝蓋確實伸展，使可動域恢復原狀。

平常爬樓梯時，在後腳往地面踢之前將膝蓋確實伸直，可以讓大腿前方一直伸展的肌肉收縮，使大腿後側長期收縮的肌肉伸展，找回大腿後側肌群原本的功能，只要這樣做，大腿肌肉燃燒脂肪的效果便會越來越好。

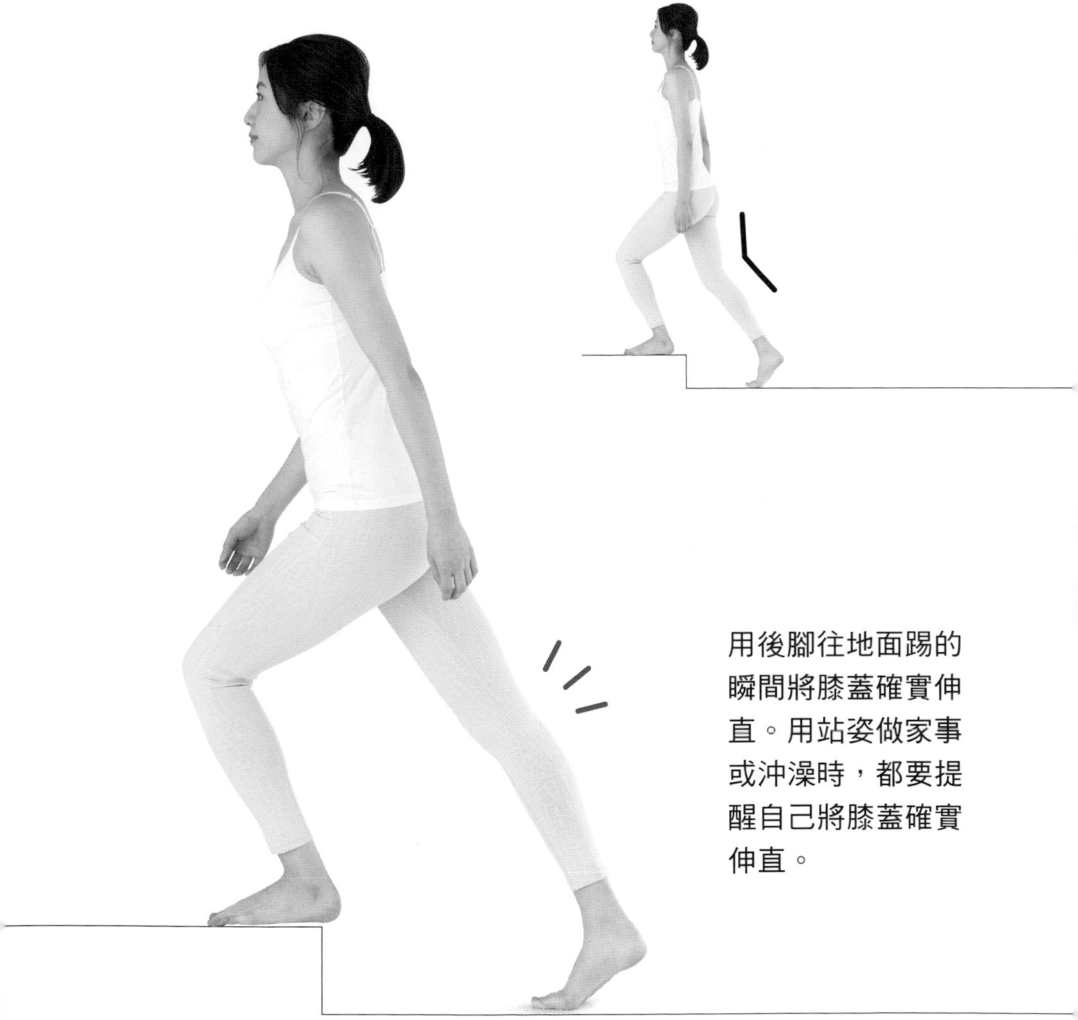

用後腳往地面踢的瞬間將膝蓋確實伸直。用站姿做家事或沖澡時，都要提醒自己將膝蓋確實伸直。

進一步提升效果 ▶2

凡事都嫌麻煩的話，靠拇趾球來瘦身！

多數人關節可動域總是無法改善時，應該都是因為體重落在腳跟或腳底外側，一直沒有使用到大腿肌肉的關係。這種時候請將體重落在雙腳大拇趾根部的凸起處（拇趾球）往上踮起一分鐘左右，只要感覺到雙腳背部有伸展開來即可。

讓總是朝向外側的膝蓋前側能朝向正面或是稍微朝內，讓膝蓋合起來，才能開始運用到大腿內側的內收肌群。如此一來大腿內側便會收縮，在大腿根部形成縫隙，腳才會變細。而且不只是雙腿線條會變美，就連站姿以及走路方式也會變好看，所以請大家一定要試著做做看。

不能只有腳趾
彎曲，要從根部
開始彎曲。

像是一直坐著辦公時，
如果能充分彎曲好好動
一動的話，重心便容易
移到拇趾球側。

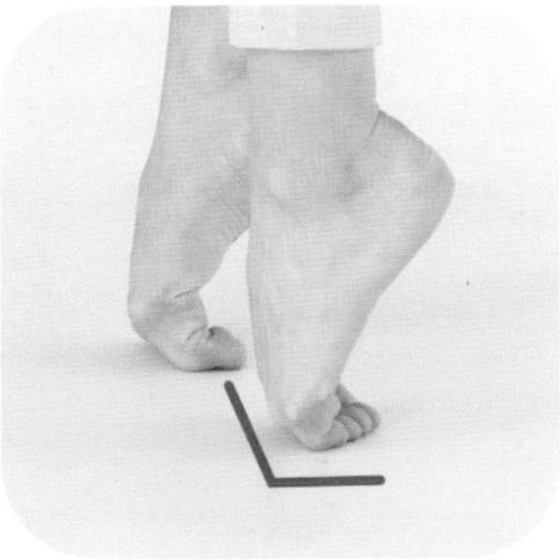

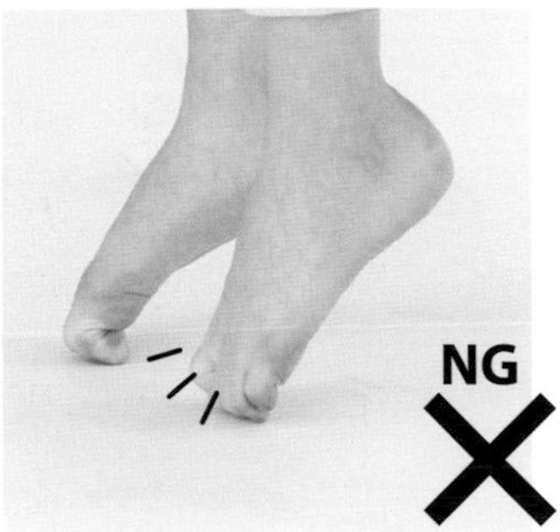

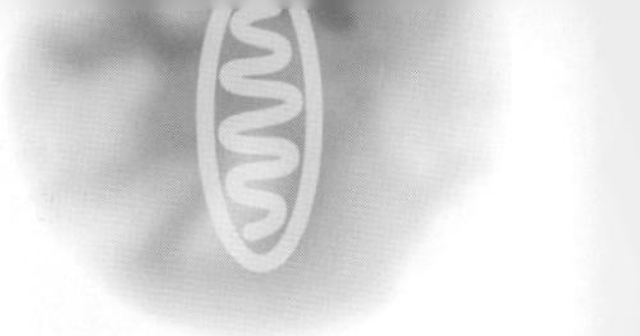

努力健身還是瘦不下來的人，開始變瘦的祕密

健身主要會鍛鍊到的肌肉，稱作「白肌」。白肌的位置靠近身體表面，因此也稱作淺層肌肉，特徵是粒線體含量少。而且不是以脂肪為能量來源，而是以囤積在體內的醣類（肝糖）作為能量來源，可稱作「醣類燃燒肌肉」。所以練舉重努力健身，其實燃燒的只會是醣類，運動期間幾乎不太會使用到囤積

在體內的脂肪，因此並無法直接看出減肥效果。

就算仔細做完三十分鐘相當辛苦的高強度健身菜單，卻只能消耗掉兩百大卡左右的熱量，差不多只能消耗掉一個御飯糰的熱量，可見吃力卻又無法瘦下來。

然而，「1分鐘肌肉扭轉伸展操」，主要使用到的是稱作「紅肌」的肌肉。紅肌位於身體深處用來維持姿勢，所以只要藉由伸展就能充分刺激，不必一直努力長時間鍛練，而且富含粒線體，所以只要能在維持姿勢時持續使用紅肌的話，就能分解囤積在體內的脂肪，轉變成能量。也就是說，體脂肪會容易減少。

許多努力健身還是很難瘦下來，但在最後終於瘦下來的人，通常與肌肉的能量來源是來自醣類或脂質有關係。意思是說，與其使用淺層肌肉，以燃燒醣類為主，更應該讓身體變得可以自行使用粒線體肌，將脂質燃燒掉，才能更有效率地瘦下來。

消除惱人疼痛及痠痛，甚至還能改善便祕問題

多數有慢性疼痛或是會身體痠痛的人，都是因為長期姿勢不良，例如駝背等姿勢所引起的。局部的肌肉過度緊繃而僵硬，血管受到壓迫之後，就會因血液運行阻滯而出現疼痛或不適感。

具體來說，當血液循環不良，體內老廢物質便無法排出，於是誘發疼痛的疲勞物質堆積，身體才會出現疼痛及痠痛現象。

而且，肌肉長時間過度緊繃的話，有時肌纖維受損後便感到疼痛。

只要做做「1分鐘肌肉扭轉伸展操」，就能使支撐骨骼及關節，用來保持姿勢的肌肉恢復伸縮性，使肌肉確實發揮作用，因此姿勢會改善，而且阻滯的血液也會恢復正常。去除造成身體疼痛及僵硬的根本原因之後，腰痛及肩膀痠痛等不適症狀就會消失。

無論頭痛、頸部痠痛或是臉部浮腫，主要都是受到駝背等姿勢所影響，頸部後方、頭部及額頭的肌肉僵硬，血液循環受阻所導致。如果能透過「1分鐘肌肉扭轉伸展操」改善姿勢，肌肉放鬆之後血液循環便會改善，最終包含頭痛、頸部痠痛以及臉部浮腫，通通都得以緩解。

除此之外，甚至還常聽到有人反應說他「便祕解除了」。

想必是位於腹部深層的腹橫肌覺醒了，於是腹壓升高，糞便才會容易被排出。

就像這樣，「1分鐘肌肉扭轉伸展操」不僅能帶來減肥效果，還有助於解決身體不適的問題。

「1 分鐘肌肉扭轉伸展操」

Q&A

Q

做「1 分鐘肌肉扭轉伸展操」❷ 和❸ 的時候，大腿內側及後側為什麼感覺好像要裂開來了？

A

不曾活動過大腿內側及後側的人，由於肌肉會僵硬緊縮，因此才容易出現這種感覺。「1 分鐘肌肉扭轉伸展操」❷ 和 ❸ 就是用來伸展這些部位的動作，不過，一剛開始做的時候可以稍微放鬆一點，繼續做下去之後，動作一定會變得越來越輕鬆。

Q

為什麼不管做幾次，還是只能伸展到相同地方？

A

身體越僵硬的人越容易出力，在用力的狀態下伸展一定會痛，所以可動域無法擴展開來。這種時候請試著改變一下呼吸。慢慢地大口呼吸就會放鬆下來，身體才容易伸展。

Q 為什麼腰開始痛起來，讓人覺得很不安？

A 腰部會痛，代表想要伸展的部分並沒有伸展開來。有時候肩膀一用力，腰部就會疼痛，所以要先在肩膀用力 3 秒鐘左右，使勁地將肩膀往上抬高再放下，這樣肩膀的力道就會放鬆。

Q 可不可以改變做法進一步伸展，讓效果更早一步出現？

A 除了書中有介紹，顧及安全的做法之外，勉強自己大幅度伸展的話，恐有肌纖維斷裂之虞。請絕對不要做出抓著某些物品再拉扯的動作。

Chapter 4

傳授私藏的瘦身祕訣，針對局部特別有效！

耳朵上推

改善臉部下垂超有效

煩惱臉部線條鬆弛下垂的人越來越多，如果要改善這種狀態，最有效的做法就是充分活動緊貼於頭蓋骨的皮膚，將耳朵根部與髮際線之間的皮膚撐開來。尤其是耳朵周圍的側頭部，以及額頭上方前額部分的皮膚原本就很少活動，因此不去理會的話，整張臉就會往下垂。

可以像左圖那樣，反覆將耳朵往上推，耳朵的位置就會變高，從耳朵到臉部的線條便不會鬆弛，臉部輪廓就會變明顯。而且也會充分活動到臉頰，於是整張臉就會變小，嘴角也容易上揚。微笑肌會減少，還有，如果一直戴著口罩的話，表情肌鮮少活動就容易衰退。會在意臉部下垂的人，請一定要來試試這個做法。

1
將大拇指放在耳朵上

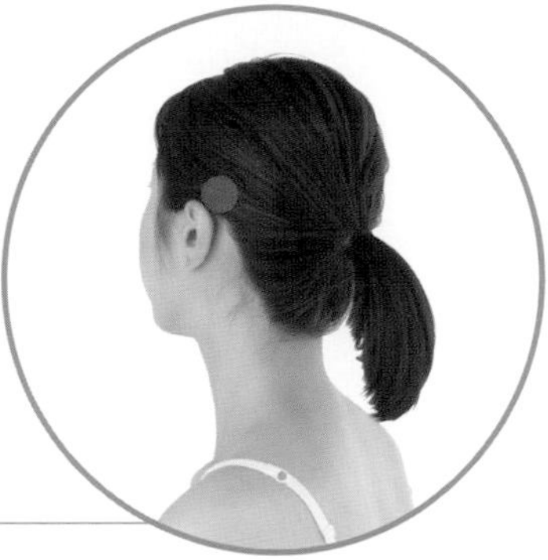

大拇指的指腹平放在耳朵根部與髮際線之間的地方。

2
直接將大拇指往斜上方推

手指放好後直接將皮膚往斜上方推高，就像從耳朵拉開一樣。

3
將大拇指移位再往上拉

大拇指的位置依序從耳朵上方，移至耳朵後方、耳朵下方，分別在 5 個地方呈放射狀往上拉，並重複 3 次。

額頭上推

改善泡泡眼**超有效**

在意上眼皮腫腫的，還有下眼皮會鬆弛的人，十分推薦「額頭上推」的動作。當眼皮蓋住眼睛，眼睛被遮掩後看起來就會變小，整張臉給人的印象將大大不同。所以這個動作對於起床時眼皮曾經又腫又泡的人，特別有效。

如果前額部位及頭頂部位整個往下的話，眼皮便容易蓋住眼睛，下眼皮還會下垂，所以要從額頭至頭頂部位好好推高，加以放鬆。如此一來，緊貼在頭蓋骨的頭皮就會充分活動，從下垂的額頭至前額部位、頭頂部位都會提高。

持續做額頭上推之後，不但眼睛會變大，眼部線條也會變得容易上揚。

1
將手指放在頭上

雙手指尖從髮際線朝頭頂部位放好。

2
將頭皮往上推

手指放在頭皮上，直接朝著頭頂部位將頭皮往上推。

3
將手指移位

分別將手指往上移動約 1 根手指的位置，再將手指放在頭皮上直接往上推。

4
將頭皮往上推

手指照樣移動位置，分成 5 個點往上推。這個做法要重複 3 次。

頸前伸展

消除雙下巴超有效

臉部和頸部靠一張皮膚連接著，因此頸部皮膚彈性不佳的話，臉部皮膚也容易被往下拉，於是在臉部，尤其是下巴一帶會鬆弛而變成雙下巴。這便是頸部後側的斜方肌會僵硬緊繃，不容易將臉部往上，頸部前方會無法伸展的原因。

此時，可用手指將位於頸部後方的骨頭凸起處往下壓，同時將臉部往上。因為讓骨頭稍微往前滑動之後，頸部往後倒的動作就會變順暢，這樣一來，頭部後方就不會卡卡的，頸部皮膚的伸縮性及彈性就會復活。

而且會使人感覺年紀大的頸部橫紋也會消失，從下巴至頸部的線條將會一口氣回春。

1
用手指壓著頸部

雙手的食指重疊後，壓著頸部
後方最上面的骨頭凸起處。

2
將臉往上抬

直接將臉往上抬。會感覺頸部
的骨頭在將食指推回去。

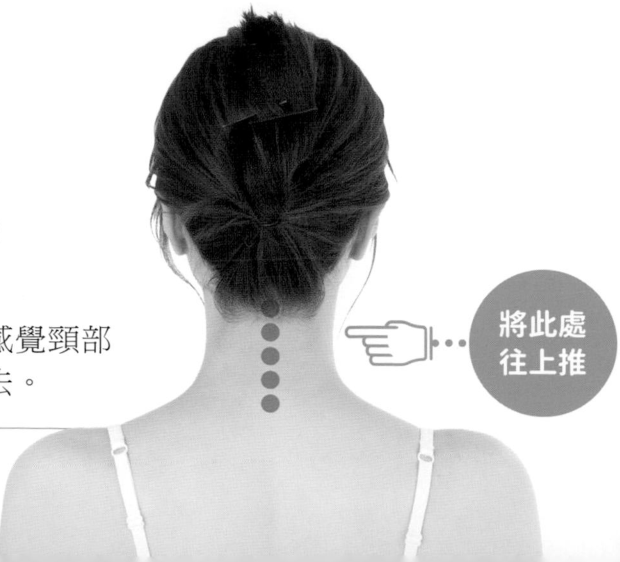

3
將手指移位 &
重複動作

直接將臉往上抬。會感覺頸部
的骨頭在將食指推回去。

膝後指壓

瘦蘿蔔腿超有效

導致小肚腿腫脹的元凶，就是水腫。解決這種小腿肚浮腫現象非常有效的做法，就是刺激膝蓋後側。很多人只做了一次膝後指壓，就能實際感受到效果，現在馬上來為大家介紹吧！

膝蓋後側，是大腿與小腿肚的肌肉錯綜組成的部位。在膝蓋後側的橫紋正中央進行指壓的話，會讓延伸至小腿肚內側，長期收縮且僵硬的肌肉放鬆下來，使肌肉找回原本的功能。這種促進血液循環的效果，還能消除浮腫現象，使小腿肚變細。所以除了會浮腫的人之外，也十分推薦給雙腳總是覺得很疲勞的人來做。

如果能在泡澡時做膝後指壓，血液循環會變得更好，效果更加提升，請大家一定要來試試看。

1
將膝蓋彎曲呈 90 度

背靠著浴缸坐好，維持單腳膝蓋角度呈 90 度左右的姿勢。

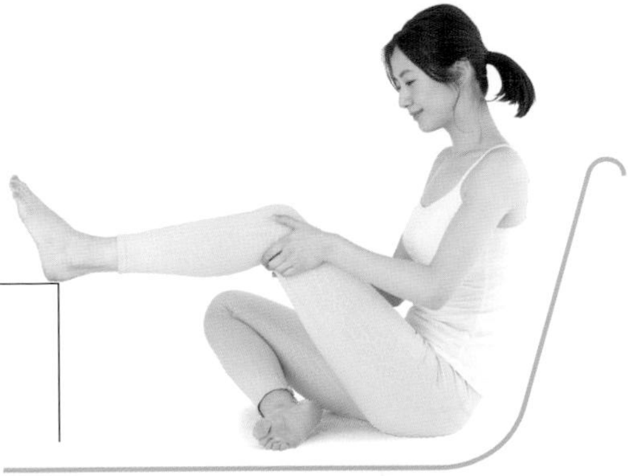

2
用中指按壓膝蓋後側

如同抓著膝蓋後側的正中央一樣，用雙手的中指用力按壓。壓迫 10 秒鐘，並重複 3 次。

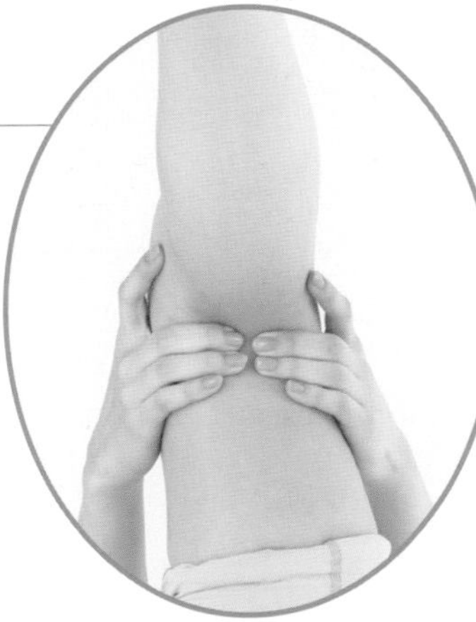

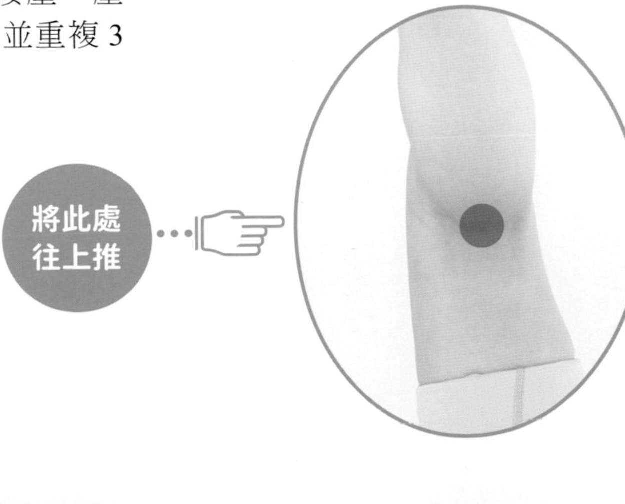

腳踝阻塞處指壓

瘦大腿超有效

許多煩惱大腿太粗的人，都有腳踝僵硬的傾向。只要一蹲下就會屁股著地而跌倒的話，恐怕要擔心腳踝前側有嚴重阻塞的問題。除了腳踝僵硬之外，要是腳踝總是打直且腳底往內，或是站著時腳趾也會離地而後彎的話，還有容易髖關節及膝蓋疼痛者，都要特別留意。

腳踝前側阻塞的時候，大腿就會變得不容易往內扭轉，如此一來，將無法使用到大腿內側的肌肉，於是會囤積脂肪，變成老是使用大腿外側，所以大腿才會變粗。

只要藉由指壓放鬆腳踝的前側，就能使大腿肌肉恢復運作而逐漸變細。指壓前後可以試著蹲下來看看，當指壓後腳踝會變得容易彎曲的話，代表指壓很有效果。

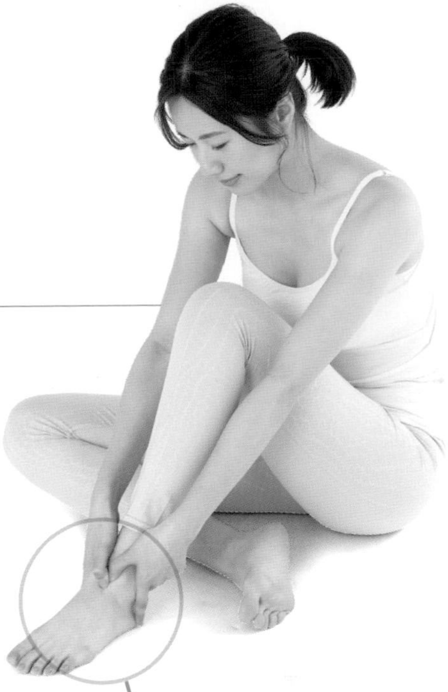

1
坐在地上
腳底與臀部貼地坐好。

2
將腳尖抬高按壓腳踝
腳尖抬高之後，腳踝前方的 2 條肌腱就會浮現出來。用雙手的大拇指在 2 條肌腱之間的凹溝按壓 5 秒鐘，各做 2 次。

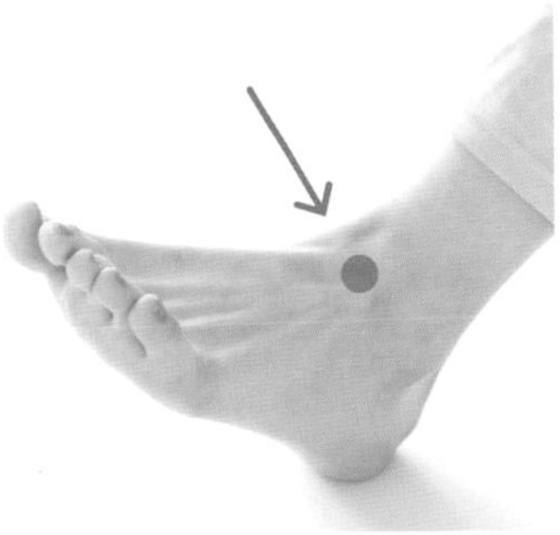

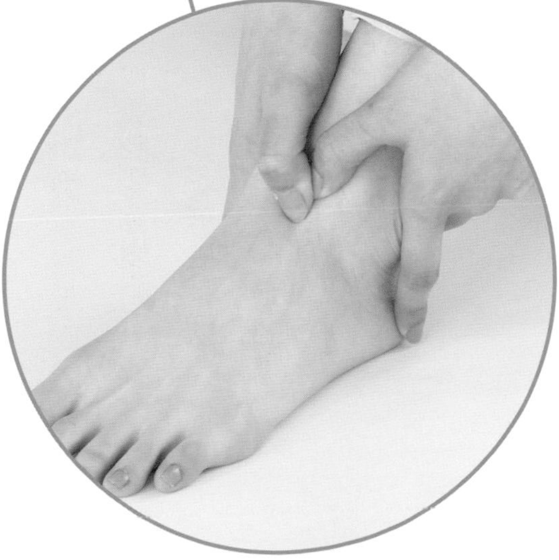

小圓肌覺醒操

瘦雙臂超有效

覺得雙臂很粗，或是在意雙臂鬆弛如蝴蝶袖的人，請將單臂抬高至正上方後，再往耳朵後方移動。此時若是感覺手臂根部的上方有阻塞的感覺，代表沒有用到肩膀深層的肌肉，總是習慣使用位於表層的三角肌和斜方肌。這種習慣容易使肩膀縮起來，會導致手臂的根部變粗，而且無法順利使用到雙臂的肌肉，因此也容易囤積脂肪。

想要完全改變這個習慣，最有效的動作就是將手臂內外扭轉，這也會讓人開始使用到位於肩胛骨外側的小圓肌，均衡運用到肩膀及手臂的肌肉，因此手臂就會逐漸變細。小圓肌覺醒之後再將手臂抬高的話，肯定會切身感覺到手臂輕輕鬆鬆便能往上了。

1
將手臂往內轉
雙臂往前伸直後，再確實往內扭轉。

2
將手臂往外轉
手肘確實伸展後，直接將雙臂徹底往外轉。內外扭轉須分別進行 5 次。

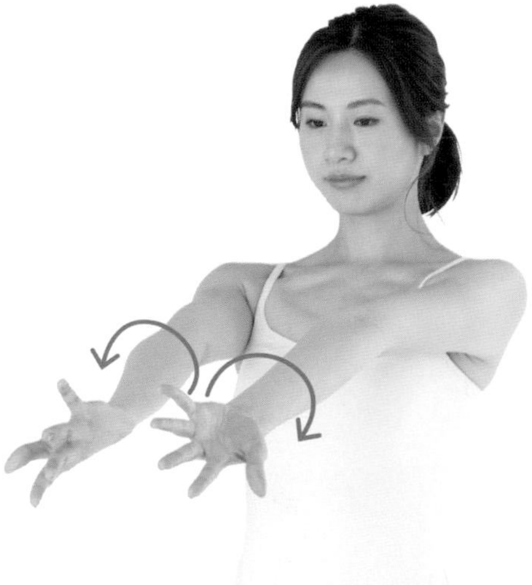

扭轉手臂時，觸摸肩胛骨的外側即可查看小圓肌是否運作。

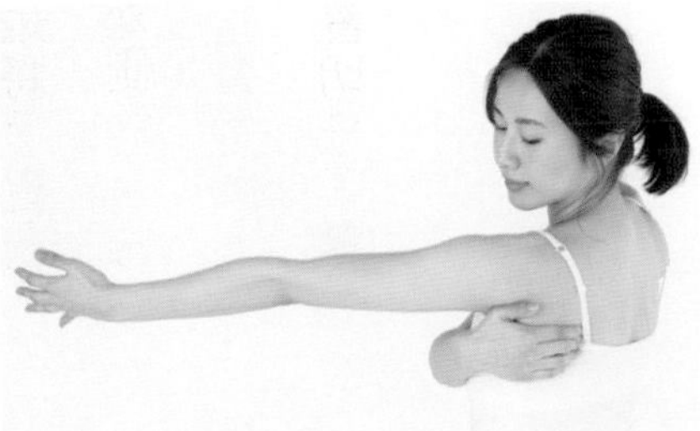

肋骨調整操

消除水桶型身材超有效

許多煩惱自己沒有腰身的人，肋骨下方都會呈現打開的狀態。這種「肋骨下方張開」最令人困擾的地方，就是胃的位置會往下，而且胃會變大，讓人過度進食，也加速脂肪囤積。

肋骨下方會張開最主要的原因，是肋骨與恥骨之間太窄、腰部弓起來的姿勢長期持續的關係。一旦腰部弓起來，緊縮肋骨營造腰身曲線的腹斜肌也會一直收縮，而無法發揮作用。

事實上，肋骨下方的部分非常柔軟，具有可塑性。所以第一步要用雙手壓著，同時好好伸展腹部及側腹部，讓一直緊縮的腹直肌及腹斜肌伸展開來開始運作，肋骨的下方也才會逐漸縮起來。很多人就是靠肋骨調整操，只做了一次便開心地表示，「終於看到腰了」。

用雙手壓著肋骨
下方的部分。

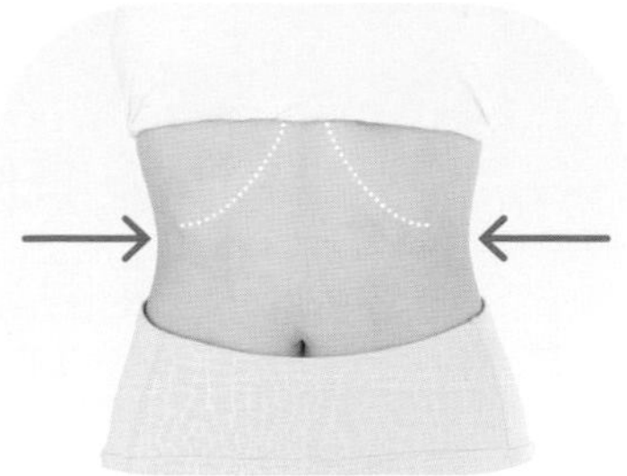

1

雙手壓著肋骨下方，將上半身往前、往後傾倒

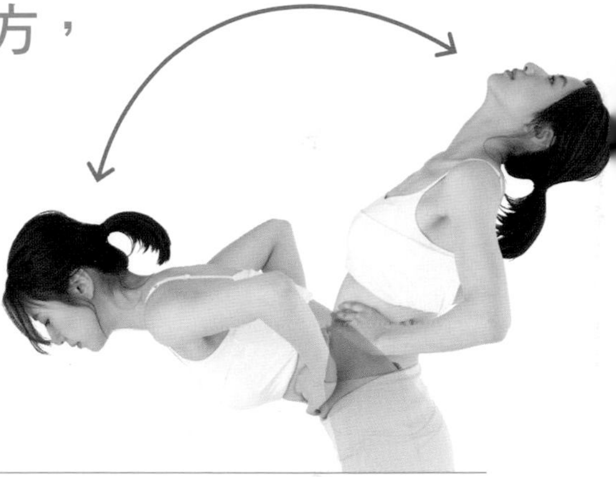

雙手壓著肋骨下方的部分，然後直將將上半身前、後傾倒，充分伸展腹部。這個動作要重複 3 次。

2

上半身往左、往右傾倒

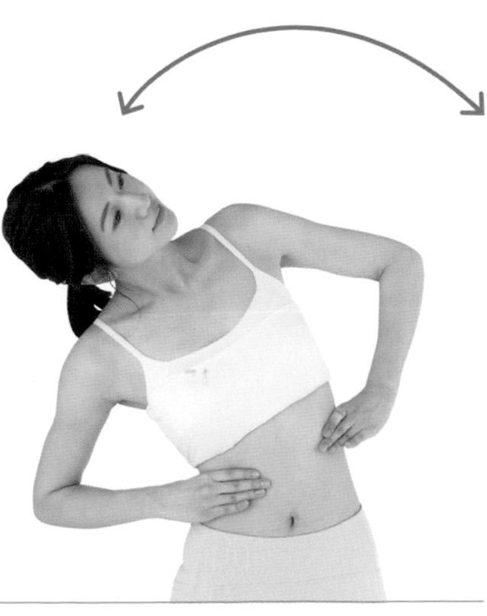

以雙手壓著的地方為支點，將身體往正側邊傾倒，伸展側腹部。左右要反覆做 3 次

「1分鐘肌肉扭轉伸展」對於改善駝背也很有效

關節的可動域變小，肌肉會僵硬的原因之一就是「駝背」。尤其滑手機或打電腦的時間一長，就很容易變成駝背，或許這也是現代人的宿命。

做做「1 分鐘肌肉扭轉伸展操」之後，一直縮起來的胸大肌就會伸展開來，且肩胛骨會往脊椎靠攏，肩膀周圍的靈活度就會變好。最終使姿勢改善後，胸大肌也才會變得容易運用。

胸大肌的力量強大，可將幾十公斤重的東西舉高，如能活用胸大肌，許多動作就會變得很輕鬆。而且位於胸大肌下方，用來固定肩胛骨及活動肋骨的胸小肌，還有其他肩膀周圍的肌肉也會開始運作，自然就能解決駝背的問題。

column

Chapter

5

持續做「1分鐘肌肉扭轉伸展操」，身體將會出現這樣的變化!!

經驗談

50歲

原本硬梆梆的身體變柔軟
腰圍瘦了七公分，成功減十公斤！

川西陽子女士（假名）
55歲

我從生完小孩，約三十五歲開始，體重便慢慢增加，不知不覺間竟胖了十公斤左右。到了更年期後，更發現體質驟變，很容易就變胖。這種現象或許和長時間一直坐在電腦前工作有關，儘管如此，我還是不願承認自己變胖，於是遠離體重計，決定不再去想身材的事。

只不過在試穿衣服時，請店員幫我挑選的尺寸後一再出現穿不下的窘境，讓我不得不面對現實。去年才剛買的牛仔褲竟然也穿不下了，只好每年都買新褲子換穿，結果穿不下的牛仔褲竟堆積如山，而這些牛仔褲儼然在訴說著自己變胖的過程。

就在這時候，我學會了「1分鐘肌肉扭轉伸展操」。我的身體在前來今村老師整骨院求診的患者當中，應該算是特別僵硬的那種，一開始老師教我的動作，根本完全做不到。聽說原本要放鬆全身力氣輕鬆進行的動作，我卻使勁地去做，即便如此，我還是堅持每天洗完澡後做一次「1分鐘肌肉扭轉伸展操」，結果關節的可動域便逐漸擴展開來了。就連一開始完全做不到的上半身前彎動作，也能慢慢地將手放在遠一點的位置，維持1分鐘了。花了一個月的時間，我發現終於能夠找回與一般人相同的柔軟度了。

◆腰圍及大腿的尺寸很明顯地縮小了

我是從比別人差的程度開始做起，所以發現自己的身體真的出現變化之後，這便成為了我堅持下去的動力。尤其當我的髖關節及肩胛骨開始能夠動起來時，反過來也讓我深刻體會到：「原來自己過去都沒有活動到這些部位」！

兩個月後，小一號的牛仔褲已經能輕鬆穿上身，公司同事紛紛跟我說「妳變瘦了」。持續做「1分鐘肌肉扭轉伸展操」至目前為止，不但腰圍減去了七公分，同時體重也掉了十公斤，體脂肪率大約少了七％。之前已經放棄瘦下來這件事，猶如一場夢一樣。

今村老師說過：「不需要忍著不吃東西，請照常飲食」，所以飲食上我並沒有特別節制，愛吃的東西都會吃。只不過在老師的建議下，我開始大量攝取水分。

當腰痛的老毛病發作時，我會停止做與腰部有關的動作，但是因為姿勢及走路方式改變，再加上體重下降，可能對腰部的負擔變小了，疼痛也減輕了。

最叫人開心的是，關節的可動域變大後，身體變柔軟了。當忙碌的一天結束時，只要做做這個「1分鐘肌肉扭轉伸展操」，白天因工作打電腦而變僵硬的身體，不但能放鬆下來變得很輕快，而且感覺非常舒服！只是一步步堅持去做自己做得到的事，就能感覺到身體出現巨大變化，所以我相信今後也會繼續做下去。

經驗談

40歲

兩個月體重減輕五公斤！
腰圍少了九公分，而且下半身變輕鬆了

山野美惠女士（假名）
47歲

我平常做的是行政工作，一整天中有大半時間都必須對著電腦。而且在新冠疫情影響下開始居家辦公，每週大約出勤一至兩次，所以一天走不到一千步的日子越來越多。由於一直待在家的關係，最可怕的是伸手就能拿到數不盡的食物來吃……。

而且我五歲的兒子食量很小，我已經習慣撿他吃剩的食物來吃。身體不動再加上一直吃，所以體重明顯增加，一下子就胖了五公斤。尤其臀部變得很大，找不到能穿的褲子……，變成「只要臀部套得上就把褲子買下來」的局面。

正當我一直思考，該如何改善這種一直變胖的生活時，長期幫我整骨的今村老師教我來做「1分鐘肌肉扭轉伸展操」。所以每晚哄孩子睡著後，我就會開始花十五分鐘左右做「1分鐘肌肉扭轉伸展操」，每天只做一次。

我的身體屬於非常僵硬的那一種，起初像前彎這種簡單的動作也完全做不到。但是堅持下去之後，就能逐漸掌握到絕竅完成動作，不但可以將注意力集中在伸展的肌肉上，之前做不到的動作也能做得到了。習慣之後，甚至可以邊看電視，邊做「1分鐘肌肉扭轉伸展操」。

一開始的二、三個月，我的體重雖然增加了，但是站上體脂計一量，發現只是比脂肪重的肌肉增加了而已，所以才放下心來。從第四個月起，體重順利地往下掉，才三個月就減掉五公斤，同時體脂肪率也少了三%。

◆曾經緊到不行的褲子也能輕鬆穿上了

而且腰圍變得很細，少了九公分這麼多。外表的變化比數字更明顯，讓人感到很滿意。我那像象腿一樣毫無曲線可言的腳踝變細了，甚至連阿基里斯腱都清晰可見。從以往容易浮腫的小腿肚到膝蓋上方，全都變修長了。臀部也少了四公分，原本緊不到行似乎要撐破的褲子，一下子就能穿得上。

這大概是因為我過去總是使用身體外側的肌肉在走路，現在已經開始能運用深層肌肉步行的關係。肩膀往內腰部彎曲的情形，也因為開始能利用腹部及軀幹的肌肉支撐身體，所以姿勢都變好了！

過去我一次又一次嘗試各種減肥法，甚至可以形容我的人生始於減肥、終於減肥。無論是不吃碳水化合物，或是節制飲食，這種生活都無法長久持續，所以結局就是復胖。從這些經驗，讓我發現可以邊吃邊瘦才是最重要的事，現在我三餐都有好好吃，最愛的甜食也持續在吃。我想不需要改變飲食，就是「1分鐘肌肉扭轉伸展操」最大的優勢。

在家空暇時就能做，而且動作簡單好記也是很令人滿意的一點。有運動經驗的人，會覺得動作簡單到令人掃興，甚至像我這種身體僵硬的人也做得到，所以不管任何人，應該都能輕鬆完成「1分鐘肌肉扭轉伸展操」。

經驗談 30歲

擺脫嚴重腰椎前彎及骨盆前傾！讓下腹部至小腿肚全面緊實

一直以來我的腹肌的肌力就很弱，常被人說我腰椎前彎又骨盆歪斜。下腹部會明顯鼓起，臀部也很大，大腿還會往前凸出去，身材就跟鴨子一樣。

此外，我也開始會在意全身浮腫的問題。儘管沒有喝酒，

若木美里美士
34 歲

早起時臉部輪廓還有眼皮時常都會變得腫腫泡泡的。有時我的工作需要站一整天，傍晚過後雙腳的水腫情形也常令我傷透腦筋。

排便是每週兩次，唯獨休假日容易便祕，這點也很讓人討厭。就在這時候，今村老師教我做「1分鐘肌肉扭轉伸展操」，於是我下定決心，「既然機會難得，不如來試試看」。

最初的一至兩個月，我會在午休時花十分鐘左右做「1分鐘肌肉扭轉伸展操」。沒辦法在這個時間做操的時候，我會改在晚上做，讓自己每天都能做一次操。

我一直很忙，從來沒在保養自己的身體，因此一開始的時候身體很僵硬，沒辦法想怎麼動就怎麼動，身體每個角落都痛到不行，連肌肉也會痛。但是堅持做了一至兩週後，身體逐漸變柔軟，關節活動的範圍也明顯擴展開來。不久後老師教我的動作，就能照樣完成了。

就這樣過了一個月後，我感覺臉部的輪廓、眼皮還有雙腳都不再浮腫。一個半月之後，排便次數從一週兩次變成三次，身體狀況確實改善，讓人好驚訝。

◆臀部翹挺變成蜜桃臀

此外，我的下腹部居然一片平坦，照鏡子也看得出明顯變瘦了。兩個月後腰圍少了七公分，體重減了一．五公斤，體脂肪率下降約二％，身材為之一變。

我最愛速食，每天都想吃炸雞，還有冷凍義大利麵、拉麵（泡麵）等垃圾食物也依然照吃不誤。也許改變飲食習慣會讓我瘦更多，但是我從小學時就有的嚴重腰椎前彎以及骨盆前傾等身材問題已經出現改善，整個人也瘦了一圈，這樣已經讓我很滿足了。

從前每次穿牛仔褲時感覺很緊繃的下腹部、大腿及小腿肚全部變小，可以順利套上褲子也讓我開心得不得了。身邊的人還經常跟我說，「你整個肚子都變小了呢」。就連容易下垂的臀部也翹挺起來，變成了蜜桃臀。

自從六、七年前閃到腰之後，不管站著或坐著，做任何事都會受到影響的腰痛，也幾乎不再發作了。

大概是瘦下來後身心都變得輕鬆起來，不時會有男性前來搭訕，還交到男朋友了。雖然期間也曾經偷懶沒做「1分鐘肌肉扭轉伸展操」，而且吃的東西以及食物都沒有改變，唯獨身材卻出現劇烈變化，真的令人非常開心。

經驗談

30歲

酒照喝、甜食照吃；腰圍、臀圍及大腿卻明顯變小了

三上貴子女士
31歲

之前很在意腹部及大腿的尺寸時，今村老師教我做「1分鐘肌肉扭轉伸展操」。我都是挑某些動作來做，所以大約只花了五分鐘就完成。起初關節活動不靈活，感覺1分鐘實在很漫長，但是經過兩週之後開始變得很輕鬆，一個月後站姿就出現

了驚人變化。以前我的姿勢是腹部凸出還會往後靠，但是現在腹部會自然用力，可以站得很直了。

由於我有拇趾外翻，以前不管穿什麼鞋子，大拇趾的根部都會痛，但是現在只要穿運動鞋就不會有問題，走再久的路都不會痛，變得很輕鬆。

當然身材也出現了變化，以前鬆垮垮的側腹部，現在一看就知道變瘦了！一個月腰圍就少了五公分，大腿少掉兩公分，連臀部也減了四公分。原本穿褲子時大腿會很緊繃，現在穿小一號的褲子也能順利套上了。

我最愛喝酒也愛吃甜食，但是我一直照舊飲食，卻還是瘦了而且沒有復胖，可以一直維持住身材。完全沒有忍著不吃東西，卻能讓身材出現變化，這點真的叫人很開心。

經驗談

60歲

肚子上三層肉全消失，而且腰圍減了二十三公分 擺脫髖關節疼痛後，出門也變輕鬆了

渡邊佳代子女士
61歲

這十五年來，我的體重增加了十五公斤左右。罹患髖關節骨關節炎後，曾經在十三年前與四年前動過手術，當時是因為髖關節已經痛到動不了了，才會決定直接動手術。再加上我很愛吃東西，無法停止大量品嚐美食，自然而然體重只會一直增

加。

我的腹部及背部長了很多肥肉，想買的衣服試穿後竟然穿不下，所以沒辦法好好打扮自己。要撿地上的東西時，腹部及胸部會卡住感覺很難受；想拔草結果一蹲下，經常就會往後跌倒。但我無法接受變胖的自己，不再站上體重計，也會堅決拒絕拍照，因此我幾乎沒有體重顛峰時期的照片。上街看見自己從櫥窗反射的身影，總是備受衝擊，感覺自己就是個「胖嘟嘟的歐巴桑」。就在這時候，老師教我來做「1分鐘肌肉扭轉伸展操」。

我試著做了之後，沒想到真的很簡單，所以非常懷疑「這種做法能讓人瘦下來」。因為我一直認為減肥要花很多錢，不然就是得努力運動，會讓人十分難受。

我現在幾乎每天早上都會做「1分鐘肌肉扭轉伸展操」，

不過有時每週會有一次忘記做。起初要持續伸展一分鐘感覺很漫長，但是每次做完之後，都會發現身體漸漸變得柔軟起來。髖關節也能夠順利張開，變得能進一步深彎了，這些身體的變化眼睛都看得見，所以很有成就感，才能自然而然地堅持下去。

◆三週內肚子上的肥肉就減少了！

做「1分鐘肌肉扭轉伸展操」經過三週之後，將上半身往前倒時，肚子上會卡住的肉消失了，開始能夠順利前彎，讓我十分驚訝。原本從胃開始到下腹部會有三層肉跑出來，肚子就像啤酒桶一樣，但是持續做「1分鐘肌肉扭轉伸展操」的期間，肚子慢慢變平坦，現在甚至已經凹下去了，腰圍的尺寸在這半年來更減少了二十三公分。還有衣服的尺寸過去都穿XXL，現在可以輕鬆穿上M尺寸了。如今能夠挑選自己喜歡的服飾，試穿後照鏡子也和自己想像的一樣，穿衣打扮突然間變得好快樂了。

本來應該剛剛好的機車全罩式安全帽竟然變鬆，還以為自己戴錯了先生的安全帽，現在尺寸得小1號才行。

我的臉整個變小，久久和朋友碰面時，大家都說：「妳的臉完全不一樣了，妳做了什麼？」、「妳瘦下來後整個人都變年輕了！」、「好像時光倒轉了一樣！」

我最胖的時候有六十六公斤，後來慢慢瘦下來也還有六十四公斤左右，現在已經降到五十六・八公斤！而且隨著體重減輕，體脂肪率也下降了。

叫人不可思議的是，不知不覺間不再需要一次吃下很多東西才會覺得飽。我很愛吃東西，以往都會將盛滿一整個大碗公的飯全部吃完，現在只要吃普通飯碗的量就十分滿足了，不過愛吃的巧克力及蛋糕等甜食，我還是會繼續吃，並沒有節制。

結果不僅減肥進行得很順利，身體狀況也非常好。先前最胖的時候，血壓曾經飆到一百四十 mmHg，但是現在只有一百二十 mmHg，接近正常值了。

還有便祕解除後，肌膚變好，過去會出現在背部及大腿的痘痘粉刺，也全都消失了。

大概是軀幹長出肌肉的關係，以前會害怕而不敢爬上椅子拿取高處的物品，現在也能很輕鬆的辦得到。過去不管做什麼，身體都很難取得平衡，經常跌倒的記憶，宛如一場夢一樣。不單是能夠瘦下來，身體還能找回柔軟度、彈性和平衡感，真的讓人很開心。

由於身體變輕盈了，髖關節的狀況也有改善，想走多遠就能走多遠。以前我的髖關節一痛起來就走不了，現在已經能去蹓狗散步十分鐘。其實醫生曾經嚴重警告我，「只要體重一增加，髖關節會痛的時候，就必須動手術置換人工關節」。

聽說體重每增加一公斤，就會對髖關節造成六倍的負擔。事實證明當我的體重增加後，髖關節就會痛起來，後來有段期間我因為怕痛，無法從事熱愛的戶外活動及旅行，讓我非常沮喪，感嘆「人生是不是結束了……」。正因為如此，我對於現在的身材以及身體狀況的變化，一直覺得很感激。

結語

以前，我都會拒絕為想要減肥的患者看診。

這是因為我一直強烈堅持，想為患者緩解疼痛以及提升身體機能。整件事要回溯到學生時代，當時我親眼見到身邊隊友受了傷，不得不放棄重要的田徑比賽。為了這場比賽，隊友不分早晨或傍晚，獻出所有的時間每天拼命練習，結果卻連下場一試拿出成績的機會都辦不到，更別說要留下記錄。現在回想起來，內心還是會覺得很遺憾。

我一心希望他們經歷過的絕望心情，不要再有人重蹈覆轍，於是立志成為治療師，打從高中在學時期，便開始進入整骨院工作。不管睡著或是醒著，我滿腦子只想著肌肉的事情，就連和初戀的對象牽手時，甚至緊張到用食指偷偷查探內收拇肌和對掌拇肌的體積。在那之後的十幾年，我還是持續在鑽研肌肉的作用有哪些，或是關節的功能應當如何，還有必須怎麼做才能更舒適地運用身體。

後來我遇到一個三十幾歲的患者，才讓我的這種想法出現轉變。

她的身體因為長時間坐辦公桌工作的關係，肩膀痠痛以及腰痛的情形非常嚴重，還有手腳冰冷等困擾，全身都出問題了。一看就知道她已經筋疲力盡，表情黯淡無光。我記得很清楚，她板著一張逢人拒絕的臉，身體總是很緊繃。她來求診時，跟我說她想要治療慢性的肩膀痠痛，還有腰部到臀部一帶的疼痛。

我幫她恢復關節的可動域後，首先她的腰變細了。光是腰變細後，她的表情就有了改善，整個人的感覺為之一變。治療期間的對話，也從這裡痛、這裡不舒服、就是因為這樣才心浮氣躁等內容，變成今天趁著每週一次的治療要順便去購物、嘗試換了腮紅的顏色等等。

直到她腰部至臀部一帶的疼痛消失為止的這段期間，她的體脂肪不斷往下掉，舉凡身材、穿著的服飾、髮型，全都與當初剛來整骨院求診時判若兩人。聽說她還買了十分嚮往的名牌包包，開始穿高跟鞋通勤了。等到所有的治療結束，接下來只需要二、三個月來院保養一次就行的時候，她說了這段話。

「我還很胖的時候，一直一直感到很自卑，根本不敢看著男生的臉說話。但是我這輩子，終於第一次交到男朋友了。我從來沒跟老師說過想要減肥，老師卻讓我瘦下來了，真的很感謝老師。」

每當我回想起她此時的笑容，內心就會很感動。

以前我一直全心想著要治療患者的傷勢及疼痛，改善他們的身體機能，並不知道對於由衷想要變瘦、不管再努力還是瘦不下的人而言，變瘦這件事的力量之大，足以改變一個人的人生。能夠幫助她從此擁有美好的人生，我真的感到很開心，這段際遇讓我永生難忘。

為了減肥長期限制飲食的話，總會不自覺心浮氣躁對人發脾氣。忍不住吃東西後，心中又會充滿罪惡感。討厭自己做運動無法持之以恆，旁人還會一直叨念：「妳怎麼還沒瘦下來？」上美容院砸下重金，體重雖然多少減輕了，但是照鏡子一看卻沒什麼變化，讓人好失望……。減肥失敗真的會讓人很受傷，而且單靠嘴巴上說說根本瘦不下來，這些情形在遇到她之後，我自己也曾經歷過，所以十分了解。正因為如此，我才會從零開始投入現在的工作，專攻身材改善以及產後護理，並將當時的見識彙整起來，祈盼自以為再努力也瘦不下來是理所當然的人也能獲得回報，於是推出了這本書。

只要身體改變，人生就會轉變。

也許有些人雖然覺得有些「吃力」，但還是努力實踐本書的減肥法。對於你們願意選擇本書，全心全力面對這些挑戰，我要由衷致上謝意。

身體會一輩子跟著我們，不管多痛都無法交換，但是好好呵護的話，就能使身體產生變化。讓二十四小時為我們服務的關節和筋肉，找回更理想的使用方式吧！如此一來，你將能找回屬於你的美麗光采，越來越接近夢想中的身材，擁有更加美好的人生。

誠心希望，本書能幫助你找回笑容。

感謝大家閱讀到最後。

今村匡子

1 分鐘肌肉扭轉伸展操

作　　者：今村匡子
譯　　者：蔡麗蓉
責任編輯：黃佳燕
封面設計：比比司設計工作室
內文排版：王氏研創藝術有限公司

總 編 輯：林麗文
副 總 編：梁淑玲、黃佳燕
主　　編：高佩琳、賴秉薇、蕭歆儀
行銷企畫：林彥伶、朱妍靜

社　　長：郭重興
發 行 人：曾大福
出　　版：幸福文化／
遠足文化事業股份有限公司
地　　址：231 新北市新店區民權路 108-1 號 8 樓
網　　址：https://www.facebook.com/
happinessbookrep/
電　　話：(02) 2218-1417
傳　　真：(02) 2218-8057

發　　行：遠足文化事業股份有限公司
地　　址：231 新北市新店區民權路 108-2 號 9 樓
電　　話：(02) 2218-1417
傳　　真：(02) 2218-1142
電　　郵：service@bookrep.com.tw
郵撥帳號：19504465
客服電話：0800-221-029
網　　址：www.bookrep.com.tw

法律顧問：華洋法律事務所　蘇文生律師
印　　刷：呈靖彩藝有限公司
電　　話：(02) 2226-9120
初版一刷：2023 年 1 月
定　　價：380 元

Printed in Taiwan

國家圖書館出版品預行編目資料

1 分鐘肌肉扭轉伸展操 / 今村匡子著 . -- 初版 . -- 新北市：幸福文化出版社出版：遠足文化事業股份有限公司發行，2023.01
ISBN 978-626-7184-56-1(平裝)
1.CST: 塑身 2.CST: 體操 3.CST: 運動健康
425.2　　　　111019389